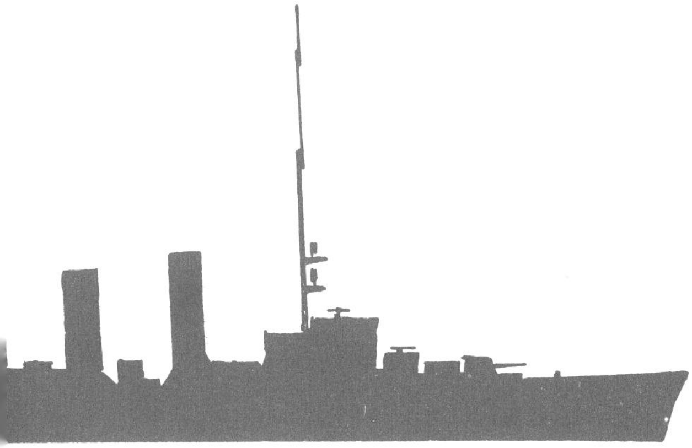

Leichter Kreuzer EMDEN

15. Oktober 1925 – 1. April 1933
29. September 1934 – 26. April 1945

Gerhard Koop · Emden, ein Name – fünf Schiffe

Wehrtechnik im Bild

Wehrtechnik im Bild
Herausgegeben von der
Bibliothek für Zeitgeschichte, Stuttgart

Gerhard Koop

Emden
Ein Name – fünf Schiffe

mit 169 Fotos, 56 Skizzen und 12 Tabellen

Bernard & Graefe Verlag München

Die Abbildung auf dem Schutzumschlag zeigt die *Emden* am 26. Oktober 1961 beim Verlassen der Bauwerft.

Die Skizzen fertigte Klaus P. Schmolke.

Bildnachweis:

Bibliothek für Zeitgeschichte: 7
Drüppel: 10
Emder Zeitung: 7
FKpt Creydt: 1
Marineamt: 20
Mrva: 1
Stadtarchiv Wilhelmshaven: 4
Stülckenwerft/Blohm & Voss: 2
Thyssen-Nordseewerke/Bremer Vulkan: 7
Alle anderen Aufnahmen stammen vom Verfasser selbst bzw. aus seinem Archiv.

Umfang: 176 Seiten

Lithos: Repro GmbH, Landshut
Satz, Druck und Bindung: Verlagsdruckerei E. Rieder, Schrobenhausen
Printed in Germany

ISBN 37637-5406-7

Inhalt

Geleitwort des Herausgebers 6

Vorwort 7

Danksagung 8

Der Kleine Geschützte Kreuzer *Emden* 1908 bis 1914 9–38
Die militärische Forderung – Die Vorgeschichte – Flottenkreuzer – Auslandskreuzer – Kleine Kreuzer – Ein Schiff entsteht – Der Stapellauf – Die Erprobungen – Der Lebenslauf – Der Gegner

Der Kleine Geschützte Kreuzer *Emden* 1916 bis 1919 39–51
Allgemeines – Der Lebenslauf – Das Ende

Der Leichte Kreuzer *Emden* 1925 bis 1945 52–113
Allgemeines – Die neue Marine – Das neue Schiff – Die Auslandsreisen – Im Zweiten Weltkrieg

Die Fregatte *Emden* (Klasse 120) 114–144
Allgemeine Vorgeschichte – Die neue Marine – Die Fregatte Klasse 120 – Der Lebenslauf

Die Fregatte *Emden* (Klasse 122) 145–161
Die neue Generation – Die neue *Emden* – Die Namensgebung – Planung und Konstruktion – Der Stapellauf

Nachtrag 162

Stellenbesetzung 164

Abkürzungsverzeichnis 167

Quellennachweis 172

Register 174

Geleitwort des Herausgebers

In den vergangenen Jahren hat es in der Bundesrepublik Deutschland eine teilweise heftig geführte Diskussion um die Traditionspflege in der Bundeswehr gegeben. Dabei geriet auch die Namensgebung der Schiffe der Bundesmarine ins Kreuzfeuer der Kritik. Doch wurde vielfach übersehen, daß die Bundesmarine – wenn man von wenigen Ausnahmen, über die man diskutieren könnte, absieht – überwiegend der Regel folgte, für ihre Schiffe Namen zu wählen, die bereits von Schiffen früherer deutscher Marinen ein- oder mehrmals getragen worden waren. Damit folgte die Bundesmarine einer bei den meisten anderen Marinen ebenfalls üblichen Praxis, die Namen ihrer früheren Schiffe, die ihren Dienst ehrenvoll versehen hatten, wiederaufleben zu lassen. Dabei verstand es sich von selbst, daß bei der Vergabe von Länder- und Städtenamen, wie sie für die größeren Schiffe üblich waren, auf die sich aus der deutschen Teilung ergebenden Probleme Rücksicht genommen werden mußte.

Die Bibliothek für Zeitgeschichte begrüßt es, daß der Autor dieses Text- und Bildbandes sich der Mühe unterzogen hat, die positiven Aspekte einer Traditionspflege über die Namensgebung von Schiffen an einem besonders eindrucksvollen Beispiel zu dokumentieren. Zum fünften Mal hat jetzt ein Schiff einer deutschen Marine den Namen *Emden* erhalten. Die erste *Emden* wurde durch ihre Kaperfahrten im Jahre 1914 und ihren Kampf gegen den australischen Kreuzer *Sydney* vor den Cocos-Inseln weltberühmt. Die kurze Laufbahn der zweiten *Emden* endete mit ihrer Rolle als Flaggschiff des Admirals von Reuter beim deutschen Internierungsverband in Scapa Flow und der Selbstversenkung der deutschen Flotte im Juni 1919. Mit dem dritten Kreuzer *Emden* begann der Wiederaufbau der deutschen Reichsmarine, und dieses Schiff wurde durch seine zahlreichen Auslandsreisen als Kadettenschulschiff weltweit bekannt. Das vierte Namensschiff, die Fregatte *Emden* der Bundesmarine, steht nun, nach mehr als 20jährigem Friedensdienst in nationalen und NATO-Verbänden zur Aussonderung heran, während eine neue, fünfte *Emden* sie in Kürze ablösen wird.

Durch die detaillierte Darstellung der Baugeschichte und des Lebenslaufes der drei Kreuzer *Emden* sowie der ersten Fregatte *Emden* sowie die Beschreibung des jetzt vor der Fertigstellung stehenden Neubaues einer Fregatte *Emden* werden dem Leser nicht nur die seltenen Höhepunkte im Leben eines Kriegsschiffes, sondern vor allem auch der alltägliche vielseitige Dienst eines Kriegsschiffes vor Augen geführt.

Prof. Dr. Jürgen Rohwer
Direktor der Bibliothek für Zeitgeschichte

Vorwort

In manchen Staaten, die Seefahrt betreiben, wird den Schiffen erst bei der Schiffstaufe der bis dahin nicht bekannte Name öffentlich verliehen. In anderen Staaten – so z. B. in den USA und in Großbritannien – werden die Schiffsnamen bereits lange vorher zugeteilt.

Die Bundesrepublik Deutschland, deutscher Tradition folgend, hat den Weg der Namensbekanntgabe bei der Schiffstaufe gewählt.

Die Wahl des Namens aber stand und steht auch heute noch unter verschiedensten Gesichtspunkten zur Diskussion. Hier nur einige Beispiele: Es können Namen von Städten (Karlsruhe, Köln, Wiesbaden, Emden), von Gebieten (Bayern, Pommern, Schlesien) oder von solchen Persönlichkeiten ausgewählt werden, die auch heute noch historische Bedeutung und Vorbildcharakter haben (Scharnhorst, Gneisenau, Bismarck). Da es guter Brauch ist – gerade bei Kriegsschiffen – den gleichen Namen über Generationen hinweg wieder zu verwenden, so muß der Name zeitbeständig sein. Die Problematik richtiger Namensgebung soll an wenigen Beispielen erläutert werden:

Als im Zweiten Weltkrieg das Panzerschiff *Admiral Graf Spee* sich nach schwerem Kampf selbstversenkte, befahl Adolf Hitler im Februar 1940 die Umbenennung des Panzerschiffs *Deutschland* in *Lützow*, um so zu verhindern, daß ein Schiff *Deutschland* je versenkt werden könnte. Dies wäre doch im In- und Ausland als symbolträchtiges Omen aufgefaßt worden! Es versteht sich, daß diese Umbenennung in aller Heimlichkeit erfolgte, die dadurch begünstigt wurde, daß der Schwere Kreuzer *Lützow* – ebenfalls in aller Heimlichkeit – an die Sowjetunion abgegeben wurde.

Als in der Bundesmarine ein neuer Zerstörer nach einem zwar moralisch und militärisch integeren Admiral benannt wurde, der aber politisch nach heutigen Gesichtspunkten zumindest instinktlos handelte und dadurch umstritten ist, da war es zumindest klar, daß dieser Name nicht noch einmal verwendet werden konnte.

Würde z. B. heute ein Schiff der Bundesmarine den Namen *Schlesien* erhalten, so wäre das ein Politikum mit nicht übersehbaren Folgen.

In diesem Buch wird eine Reihe von Schiffen vorgestellt, die eines gemeinsam haben: Sie führen den Namen der deutschen Hafenstadt *Emden*. Fünfmal wurde dieser Name bisher wieder einem deutschen Kriegsschiff gegeben: drei Kreuzern der Kaiserlichen und Reichs- bzw. Kriegsmarine, einer Fregatte der Bundesmarine und jüngst einer neuen Fregatte der Bundesmarine aus der *Bremen*-Klasse.

Dies zeigt zum einen das gute und richtige Traditionsverständnis der Bundesmarine; es zeigt aber auch eine Namenswahl, die zeitbeständig, die unanfechtbar ist. Mit diesem Buch aber folgt auch der Verlag seiner bewährten Tradition, allen an Marinefragen Interessierten einen weiteren Teilausschnitt aus der deutschen Marinegeschichte anzubieten.

Bernard & Graefe Verlag

Danksagung

Eine umfangreiche Fotosammlung aus dem Nachlaß eines ehemaligen Besatzungsangehörigen des Leichten Kreuzers *Emden*, des damaligen Maschinenobermaaten Simon, lieferte den Grundstock und gab den Anstoß für dieses Buch.
Um jedoch eine umfassende Geschichte schreiben zu können, waren weitere intensive Forschungen nötig, die mit Unterstützung und Hilfe von zahlreichen Seiten schließlich genügend Material zusammenbrachten.
So gilt mein Dank Oberarchivrat Dr. Fleischer vom Bundesarchiv/Militärarchiv Freiburg, der mir bei der Auswahl benötigter Dokumente half, Prof. Dr. Jürgen Rohwer, Direktor der Bibliothek für Zeitgeschichte, Stuttgart, der mir eine Reihe historischer Fotos zur Auswahl stellte, dem National Maritime Museum, Greenwich/England, für die Überlassung von Plänen des Kreuzers *Emden* [II], Dr. Waldemar Reinhardt vom Küstenmuseum/Stadtarchiv Wilhelmshaven, dem Kommandanten der Fregatte *Emden* für die Einsichtnahme in die Bordchronik, Herrn Andreas Pogoda, der mir seine Fotosammlung über die *Emden* [III] zur Verfügung stellte, auf der er mehr als fünf Jahre als Kadettenkorporal zubrachte, und der mir behilflich war, bestimmte Ereignisse in die richtige Reihenfolge zu bringen, und der Bildstelle des Marineamtes. Außerdem bedanke ich mich bei A. Didrichs, der mir bei grundsätzlichen Fragen der Bewaffnung und des Schiffbaues half und bei K. Galle für seine Assistenz bei der Reproduktion von Bildern. Einige Bilder stammen von FKpt J. Creydt, F. Mrva und der Werft Blohm + Voß als Nachfolger der Stülckenwerft, aber auch von der »Emder Zeitung« sowie den Thyssen-Nordsee-Werken. Ihnen allen gilt mein Dank.

G. Koop

Der Kleine Geschützte Kreuzer Emden 1908 bis 1914

Die Militärische Forderung

Mit Handschreiben vom 23. Dezember 1905 brachte der Staatssekretär des Reichsmarineamtes, der spätere Großadmiral von Tirpitz, dem damaligen Reichskanzler von Bülow zur Kenntnis, daß die Marine den Bau von zwei neuen Kreuzern forderte.
Da die Namen noch nicht feststanden, hießen sie »Ersatz *Pfeil*« und »Ersatz *Comet*«. Sie waren als Ersatzbauten vorgesehen und sollten in der Grobspezifizierung und Größe den Kreuzern der *Königsberg*-Klasse entsprechen, wobei die Aufgaben, technische Daten, Bewaffnung, Ausrüstung gleich sein sollten, ausgenommen, eine dieser beiden Einheiten sollte einen Dampfturbinenantrieb erhalten.
Die nähere Spezifikation basierte auf den Bauunterlagen »Ersatz *Blitz*[1]« von 1905 mit Änderungen:

1. Länge über alles ~ 118 m
   Breite in der Konstruktionswasserlinie ~ 13,5 m
   Tiefgang ~ 4,7/4,8 m
   Deplacement ~ 3500/3600 t
2. 12 Schulz-Thornycroft-Wasserrohrkessel in vier wasserdichten Kesselräumen
   Leistung ~ 15 000 PS
   Geschwindigkeit ~ 24 kn
3. Vorläufige Namen »Ersatz *Pfeil*« und »Ersatz *Comet*«, ein Schiff ist mit Dampfkolbenmaschinen und eines mit Turbinen auszurüsten.

Aufgabe des Reichskanzlers war es nun, diese Forderung dem Reichstag vorzulegen, damit die erforderlichen Geldmittel bewilligt wurden. Grundlage war das 2. Flottengesetz vom 12. Juni 1900, das am 14. Juni 1900 in Kraft getreten war.

Die Vorgeschichte

Bevor nun auf die erste *Emden* und ihre beiden Nachfolger eingegangen wird, ist es notwendig, kurz auf die Entstehungsgeschichte der Kreuzer einzugehen. Urahnen des Kreuzers waren Fregatten und Korvetten, die zumeist unter Segeln fuhren und die nach Erfindung der Dampfmaschine eine solche als Hilfsantrieb erhielten. Aufgabe dieser Fahrzeuge war es, für die großen Schlachtflotten Aufklärung zu betreiben, in abgelegenen Seegebieten Kaperkrieg zu führen und in den überseeischen Besitzungen präsent zu sein. Dieses alles kam für Deutschland anfangs nicht in Frage; außer einem zaghaften Versuch im Jahre 1848 spielte eine deutsche Flotte im 19. Jahrhundert keine Rolle im großen Weltgeschehen.

Erst mit Gründung des Kaiserreiches im Jahre 1871 änderte sich die Gesamtsituation. Deutschland wuchs zur Industrienation und schickte sich an, in den Kreis der Großmächte einzutreten. Zwangsläufig blieb es nicht aus, daß dem Wunsch nach einer großen und starken Flotte Rechnung getragen werden mußte. Nicht, um irgend einen anderen Staat herauszufordern oder zu provozieren, sondern vielmehr, um die mit der Industrialisierung wachsenden deutschen Welthandelsbeziehungen zu schützen, in den überseeischen Gebieten »Flagge zu zeigen« und die weltweiten deutschen Interessen wahrzunehmen. Das war mit die Aufgabe der Kreuzer.
Zu jener Zeit gab es noch eine klare Trennung zwischen den sogenannten »Flottenkreuzern« und »Auslandskreuzern«, obgleich die Zahl der Typen oft noch konfus und uneinheitlich war. Die Klassifizierung ergab sich vielmehr aus der Zweckbestimmung.

Flottenkreuzer

Sie gehörten zur »Kampfflotte«. Ihre Hauptmerkmale waren die Schnelligkeit, eine verhältnismäßig kleine Verdrängung, ein schwacher Schiffsschutz, ein fehlender Unterwasserschutz. Anfänglich noch mit Kolbenmaschinen und Kohlenkesseln betrieben, waren es später Ölkessel und Turbinen. Die Wirtschaftlichkeit spielte keine große Rolle.

Ihre Aufgabe lag in der Aufklärung und Abwehr von Torpedobootangriffen gegen die Schlachtflotte. Sie entwickelten sich aus den Korvetten, später Glattdeckskorvetten bzw. Kreuzerkorvetten zu Kreuzern II. und III. Klasse, wurden eine Zeitlang auch als »Aviso« bezeichnet, bis dieser Begriff mit AKO vom 27. Februar 1899 aufgehoben wurde. Ab da gab es nur noch den Kleinen Kreuzer.

Auslandskreuzer

Diese Schiffe waren als Handelsschützer und -störer vorgesehen. Ihre Hauptmerkmale waren die große Seeausdauer, die teilweise stärkere Bewaffnung und anfänglich die Segelausrüstung, um über größere Strecken wirtschaftlich fahren zu können. Außerdem hatten sie robuste Maschinenanlagen, kohlenbefeuerte Kessel und bessere Besatzungsunterkünfte. Wegen der mangelnden Dock- und Werftmöglichkeiten waren die Schiffskörper teilweise mit Holzbeplankung und Kupferbeschlag versehen, um so den Bewuchs bei längerem Seetörn zu mindern. Sie entwickelten sich aus den Fregatten und Korvetten, über die Gedeckten Korvetten, Kreuzerfregatten zu Kreuzern I. Klasse, aus denen später die Panzerkreuzer wurden. Aber es gab auch noch eine andere Linie, nämlich Kreuzer IV. Klasse, aus denen später Kanonenboote wurden.

Kleine Kreuzer

Anders als die übrigen Seemächte beschritt die deutsche Marine schon ab Ende des 19. Jahrhunderts einen neuen und, wie es scheint, konsequenteren Weg. Es blieb wohl auch nichts anderes übrig, denn die Unterhaltung vieler unterschiedlicher Typen für die einzelnen Aufgaben war sehr kostenträchtig, ein Einheitstyp kam da gerade richtig. Mit dem Erscheinen der *Gazelle*-Klasse gab es in der deutschen Marine nur noch einen Kleinen Kreuzer-Typ, der sich auf die nachfolgenden Klassen übertrug, wobei sich lediglich die Verdrängung jeweils steigerte, eine Folge der sich im Laufe der Jahre ergebenden Neuerungen. Bestand die *Gazelle*-Klasse aus zehn Einheiten, folgte ihr die *Bremen*-Klasse mit sieben und die *Königsberg*-Klasse mit vier. Dann wurde der Auftrag für die *Emden* erteilt.

Ein Schiff entsteht

Die »Bauvorschrift für den Schiffskörper des Kleinen Kreuzers »Ersatz *Pfeil*« wurde mit der Unterschrift des Staatssekretärs im Reichsmarineamt, von Tirpitz, am 10. Mai 1906 genehmigt. Die Bauvorschrift ist praktisch die Legende zu den erstellten Konstruktionsplänen und enthält für alle Bereiche des künftigen Schiffes genaue Anweisungen, wie bei seinem Bau zu verfahren ist.

Baumaterial: Für Platten, Winkel und Profile waren drei verschiedene Materialien vorgesehen; allgemeiner Schiffbaustahl (Siemens-Martin-Flußeisen), niedrigprozentiger Nickelstahl und amagnetisches Material, und zwar

1. Harter Werkstoff mit einer Festigkeit von 41–47 kg/mm² für alle Verbände (mit Ausnahme von 2. und 3.).
2. Weicher Werkstoff mit einer Festigkeit von 34–41 kg/mm² für die unteren Lagen der Doppelbodenbeplattung, das Panzerdeck, alle Aufbauten, die Brücke, Schornsteine, Masten und innere Ausbauten.
3. Niedrigprozentiger Nickelstahl für die 25-mm-Platten des Panzerdecks.
4. Amagnetischer Werkstoff in einem festumgrenzten Umkreis der Kompaßeinrichtung.

Schiffskörper: Der Kiel setzte sich zusammen aus der senkrechten Mittelkielplatte, zwei waagerechten Kielplatten, zwei äußeren sowie zwei inneren Winkeln. Die Länge der Kielbleche war mit mindestens 8 m vorgeschrieben, nur nach den Enden hin durfte diese – so es erforderlich war – unterschritten werden. Die Mittelkielplatte sollte mittschiffs eine Höhe von 1020 mm und eine Dicke von 12 mm haben, die Enden waren mit einer Höhe von 990 mm und Dicke von 10 mm vorgegeben. Vier Längsspanten waren vorgesehen: Längsspant 1 reichte von Spt. 12–96, Längsspant 2 von Spt. 1–80, Längsspant 3 von Spt. 9–40 und Spt. 38–101, Längsspant 4 von Spt. 21–87. Der Längsspant 1 hatte eine Stärke von 8 mm, die übrigen waren 7 mm, im Bereich der Kessel- und Maschinenräume verstärkten sie sich auf 10 mm. Die Querspanten hatten einen Abstand von 1000 mm zueinander und saßen senkrecht zur Konstruktionswasserlinie, die Mallkante des Spt. 0 lag in der Ruderachse. Der Schiffskörper war in XIII wasserdichte Abteilungen unterteilt, außerdem gab es einen Doppelboden, der etwa 47 Prozent der Gesamtlänge des Schiffes einnahm. Vom Doppelboden bis zum Panzerdeck gab es darüber hinaus Wallgangschotte, die den Raum vom Schiffsinnern zur Außenhaut trennten. Dieser wurde für den Einbau von Kohlenbunkern genutzt. Unter dem Panzerdeck saßen 12 wasserdichte Querschotte, die bis in den Doppelboden reichten, über dem Panzerdeck erstreckten sich sechs bis zum Oberdeck, sieben vom Panzerdeck zum Zwischendeck, drei vom Zwischendeck zum Oberdeck, drei reichten vom Oberdeck bis zur Hütte und Back. Auf der Panzerböschung saßen zehn Teilschotts. Die Hauptmaschinen- und die Hilfsmaschinenräume wurden durch ein Mittellängsschott voneinander getrennt, zwischen Spt. 87 und 96 befanden sich zwei weitere Längsschotte. Alle Schotts lagen in der Stärke zwischen 5 und 6 mm. Die Außenhaut bestand aus Platten, deren Länge mit mindestens 7 m vorgegeben war, ausgenommen an den Stellen, wo kleinere Abmessungen erforderlich waren. Sie war genietet, jedoch sollten die Nieten so versenkt sein, daß sich eine glatte Außenfläche bildete. Die Stärke der Außenhaut war durchschnittlich 10 bis 12 mm, mittschiffs jedoch 15 mm. Die Hütte und Back waren 7 bzw. 8 mm, jedoch im Bereich des von der Artillerie auftretenden Gasdrucks gedoppelt. Das Oberdeck hatte eine Stärke von 6 bis 8 mm, das Zwischendeck von 5 mm. Das Plattformdeck oberhalb des Panzerdecks war ebenfalls zwischen 5 und 6 mm stark. Der Decksbelag zwischen Hütte und Back bestand aus Teakholz, das an den Seiten 75 mm und mittschiffs 65 mm dick war. Zwischen Spt. 35 und Spt. 70 waren Schlingerkiele vorgesehen.

Schiffsschutz: Der Neubau wurde als Kleiner Geschützter Kreuzer klassifiziert. Es war keine Panzerung im herkömmlichen Sinne, denn der Schiffsschutz bestand außer der schon angeführten umfangreichen wasserdichten Unterteilung lediglich aus einem Panzerdeck, das unter der Konstruktionswasserlinie liegend vom Spt. –3 bis zum Vorsteven reichte. An den Seiten war es gegen den mittleren horizontalen Teil mit 37° geneigt, also zur Böschung ausgebildet. Das Material war auch kein eigentliches Panzermaterial, sondern bestand nur zum Teil aus 25-mm-Nickelstahlplatten, im übrigen aus gewöhnlichem Schiffbaustahl. Die untere Lage bestand aus Stahlplatten von 15 bzw. 10 mm, die zweite Lage aus 15- bzw. 25-mm-Platten, in einigen Bereichen nur 10 mm, die dritte Lage schließlich ebenfalls aus 25-mm-Platten. Die Lüfteröffnungen und Luken der Haupt- und Hilfsmaschinen- und Kesselräume wurden mit Panzergrätings versehen. Über der Panzerböschung befand sich ein Korkdamm, etwa 600 mm breit und 5 bzw. 4 mm dick, er saß 800 mm über der Konstruktionswasserlinie. Die vorderen und hinteren Munitionskammern besaßen 5 mm starke Seitenwände. Das Schanzkleid war 4 mm, die Brustwehr der Geschützstände 6 mm stark. Der Kommandoturm besaß einen 650 mm über die Back ragenden Unterbau und hatte eine 100-mm-Wandung aus gehärteten Stahlplatten, der Boden eine gedoppelte 15-mm-Beplattung, die Decke eine einfache 20-mm-Beplattung. Die Platten bestanden aus 25 Prozent Nickelstahl und waren amagnetisch. Die Ummantelung der Schornsteinhälse war 4 mm dick.

Bewaffnung: Als Hauptartillerie waren zehn 10,5-cm/L 40-Geschütze vorgesehen. Dieses war zugleich die Standardbewaffnung der deutschen Kleinen Kreuzer. Im Vergleich, insbesondere mit der britischen Flotte, lag das Kaliber unter dem der üblichen Kreuzerbewaffnung, das waren in der Mehrzahl 15,2-cm-Geschütze, aber man glaubte dieses Manko durch die höhere Feuergeschwindigkeit ausgleichen zu können. Erst unter dem Zwang der Ereignisse und Erfahrungen des Ersten Weltkrieges ging man dann auch in der deutschen Marine zum 15-cm-Geschütz über, jedoch erst ab den Kleinen Kreuzern der *Wiesbaden*-Klasse, die außerdem auch schon einer neuen Kreuzergeneration angehörten. Ein Teil der älteren Kreuzer wurde ebenfalls auf dieses Kaliber umgerüstet. Das Umdenken war im Grunde genommen jedoch schon früher eingetreten. Spätestens mit dem Erscheinen der britischen *Dreadnought*, aber auch schon zuvor, angesichts der Geschehnisse bei Tsushima, hatte es sich gezeigt, daß man bezüglich künftiger Artilleriekämpfe umdenken mußte. Die Kampfentfernungen waren größer geworden, bei den Großkampfschiffen kam es zu einem teilweisen Wegfall der Mittelartillerie (jedoch nicht in Deutschland) zugunsten der schweren Artillerie, insbesondere jedoch zur Steigerung der Geschwindigkeit. Hier kam es auch zur Trennung, man sprach später dann von Schlachtschiffen und Schlachtkreuzern. Bei den Kreuzern vollzog sich insofern ein Wandel, als der bisher vorhandene Panzerkreuzer in den neuen Schlachtkreuzer integriert wurde und nur der Kleine Kreuzer blieb, dessen

Schiffsschutz, soweit es mit seinen taktischen Aufgaben vereinbar war, der neuen Lage angepaßt wurde, er erhielt einen, wenn auch schwachen Seitenschutz.
Die 10,5-cm-Geschütze folgten in der Aufstellung der üblichen Praxis, vier sollten paarweise auf der Back und Hütte stehen und zwei in der Schiffsmitte an der Breitseite. Diese sechs erhielten Schilde mit einer Dicke von 50/25/20 mm. Die übrigen vier Geschütze standen zu jeweils zwei – vorn und achtern – ebenfalls an Oberdeck. Sie erhielten jedoch keine Schilde und standen hinter schwalbennestförmig ausgebildeten Pforten. Die Geschützpforten und Schanzkleider waren so bemessen, daß alle zehn Geschütze von 45° achteraus bis nach 45° nach voraus schießen konnten. Die maximale Rohrerhöhung war 30°, die maximale Rohrabsenkung 10°. Die Rückstoßwucht war ~ 40 t, der Unterbau entsprechend zu konstruieren. Die übrige Bewaffnung bestand aus acht 5,2-cm-SK/L 55 und vier 8-mm-Maschinengewehren. Die Munitionsförderschächte für die Geschütze hatten 4 mm dicke Wandungen, die Aufzüge konnten bei Ausfall der elektrisch betriebenen Winden von Hand betätigt werden. Zum Einbau kamen auch zwei Unterwasser-Breitseittorpedorohre von 45 cm. Sie saßen mit 20° in der Vorausrichtung und wiesen eine Senkung von 2° auf.

Maschinenanlage: Von den beiden geplanten Kreuzern sollte einer einen Turbinen-, der andere einen Dampfkolbenmaschinenantrieb erhalten. Für den künftigen Kreuzer, dessen Name *Emden* werden sollte, war der übliche Dampfkolbenmaschinenantrieb vorgesehen. Er war zugleich der letzte deutsche Kreuzer, der diese Antriebsart erhielt. Es waren zwei dreizylindrige Dreifachexpansionsmaschinen (HD-Zyl, MD-Zyl, ND-Zyl), Gesamtleistung ~ 13 500 PSi bei ~ 150 u/min. Der benötigte Dampf sollte von zwölf Wasserrohrkesseln der Bauart Schulz mit einem Be-

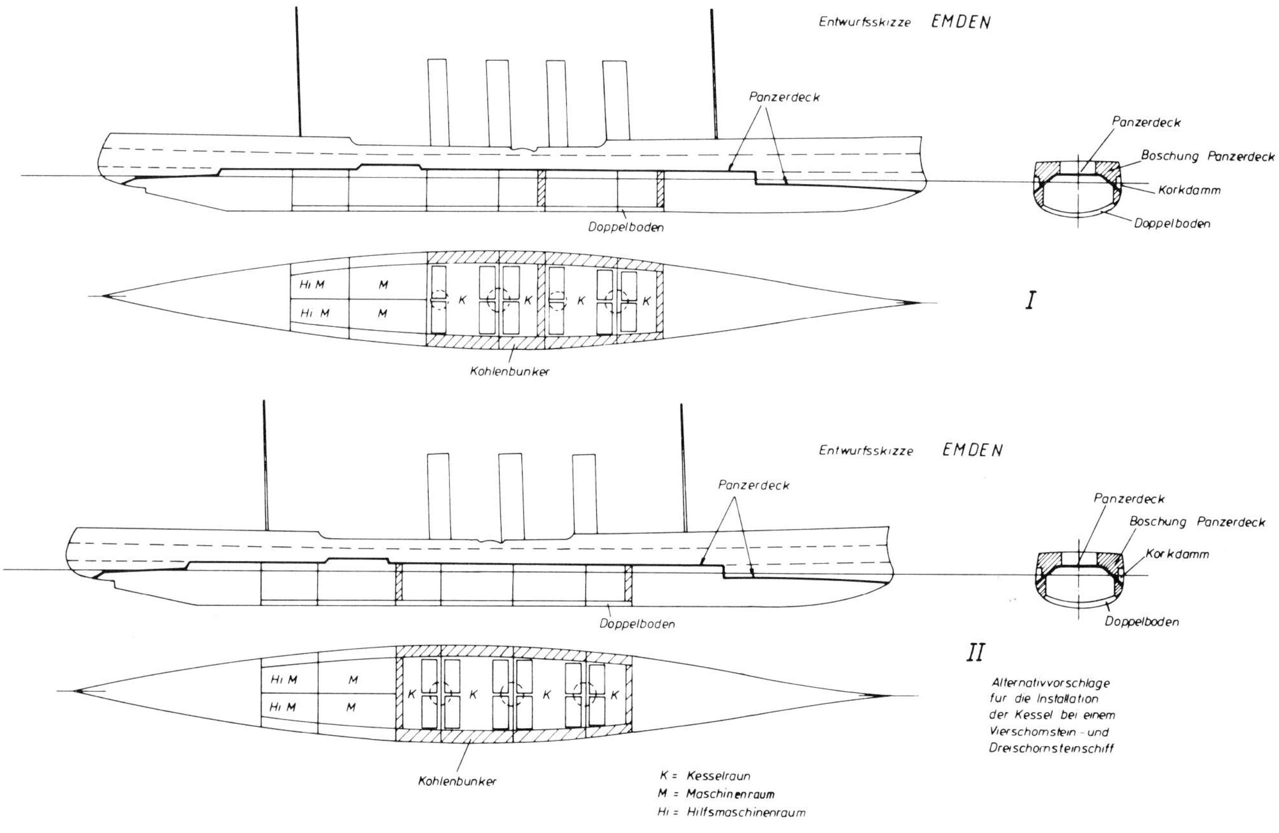

triebsdruck von ~ 16 atü erzeugt werden. Ihre Gesamtheizfläche lag bei ~ 3500 m², sie wurden mit Kohle befeuert. Das Schiff sollte einen Zweiwellenvortrieb erhalten, die Propeller hatten einen Durchmesser von 4,3 m und vier Flügel.

Die Kessel waren vom engrohrigen Typ. Es war noch gar nicht lange her, seit der Übergang vom herkömmlichen Koffer- und Zylinderkessel zum Wasserrohrkessel erfolgte. Letztere hatten zuerst noch große Rohre, und die britische Flotte hat diesen Typ noch lange – mit Ausnahme der modernen Kreuzer – benutzt. Der Vorteil der engrohrigen Kessel war die höhere Leistung, der geringere Raum- und Gewichtsbedarf, aber er war auch komplizierter in der Bedienung und störanfälliger, echte Schwierigkeiten traten jedoch erst viele Jahre später auf, als man in Deutschland den Weg zum Hochdruckheißdampf beschritt.

Hilfsmaschinen: Die elektrische Stromversorgung wurde von drei Turbo-Generatoren mit je 45 kW erzeugt, die Spannung betrug 110 Volt Gleichstrom. Es gab zwei Frischwassererzeuger mit einer Leistung von 100 t/Tag. Die Ruderanlage wurde mittels Dampf betrieben und arbeitete nach dem Prinzip der Schraubenspindelsteuerung.

Allgemeines: Das Schiff erhielt zwei Masten, einen Fockmast und einen Großmast. Beide Masten waren aus Stahl, hatten einen Durchmesser von 55 cm und eine Länge von 23,75 m. Sie erhielten jeweils stählerne Stengen mit einem Durchmesser von 35 cm und einer Länge von 12,25 m, außerdem hölzerne Funkstengen mit einem Durchmesser von 15 cm und einer Länge von 7,75 m. Die Signalrahe an den beiden Masten hatte eine Länge von 10 m. Am Großmast saß außerdem noch eine Gaffel. Im unteren Teil der Masten waren Scheinwerferpodeste angebaut, im oberen Teil Krähennester. Endgültig erhielt das Schiff drei

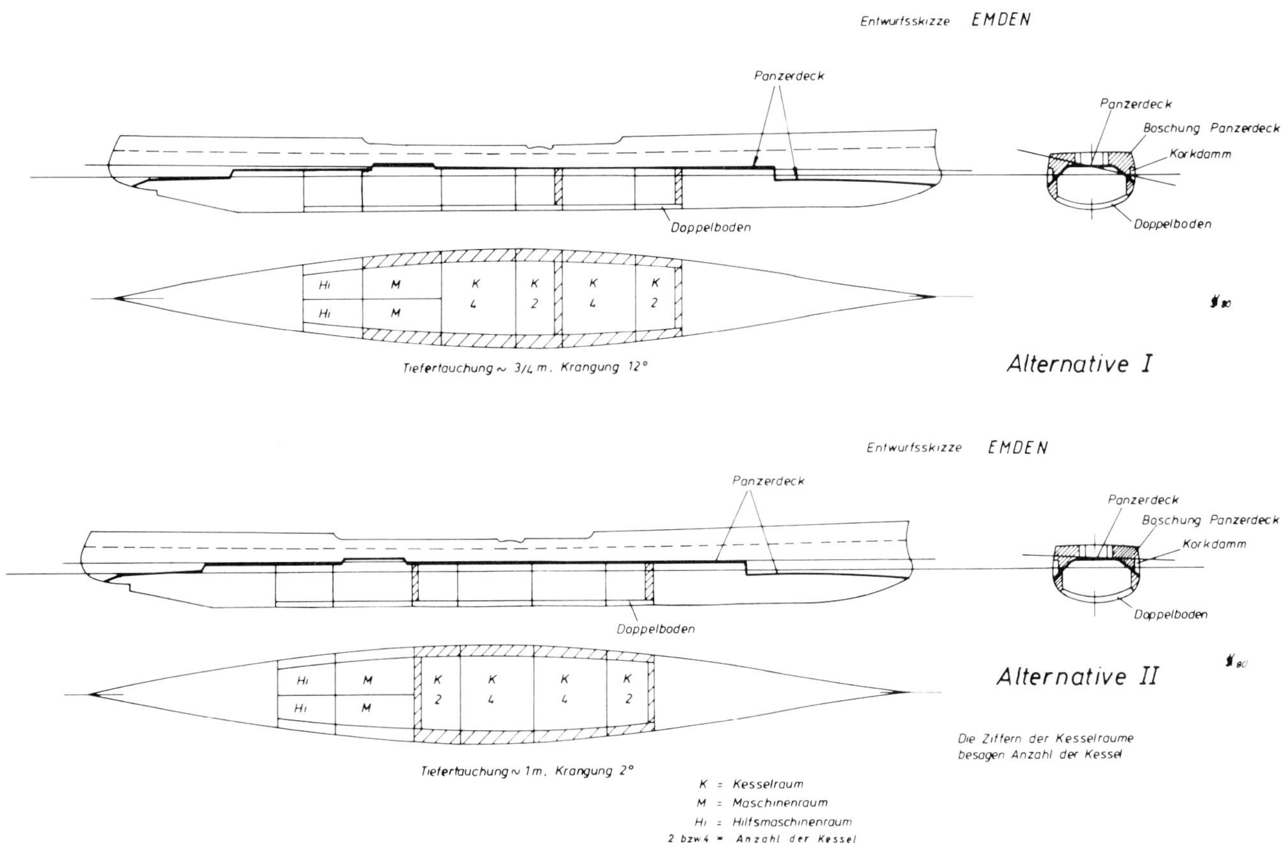

Tabelle 1: Legende des Kleinen Kreuzers Ersatz *Pfeil*, gemäß Bauvorschrift

Länge (cwl)	118 m
Länge (pp)	111 m
Breite auf den Spanten	13,5 m
Höhe von Oberkante waagerechte Kielplatte bis Oberkante Oberdecksbalken an Bord auf Spt. 55 (Seitenhöhe)	7,8 m
Gewichte:	
Schiffskörper, einschließlich Tischlerwerkstatt, Schutzanstrich, Inventarien, Wasser in den Rohren	1798 t
Maschinenanlage: Hauptmaschinen	854 t
Maschinenbauliche Einrichtungen	90 t
Maschinen der Beiboote	3 t
Gesamt	2745 t
Bewaffnung: 10 × 10,5-cm/L 40	
8 × 5,2-cm-SK/L 55	
4 × 8-mm-MG	
2 × 45-cm-UTR	
Maschinenanlage:	
2 Dreizylinder-Dreifachexpansionsmaschinen	
12 Wasserrohrkessel	

Schornsteine, jedoch scheint es im Anfangsstadium Überlegungen gegeben zu haben, vier Schornsteine vorzusehen, eine frühe Entwurfsskizze weist darauf hin, aber es sind keine schriftlichen Aufzeichnungen dafür vorhanden.
Zur Ausrüstung gehörten zwei Ankerspills auf der Back mit je einem Hall-Anker von 2500 kg Gewicht. Der Heckanker wog 800 kg. Für ihn gab es ein Heckspill. An Beibooten waren ein Dampfbeiboot II. Klasse, eine Pinasse II. Klasse, zwei Kutter II. Klasse, zwei Gigs II. Klasse, zwei Jollen II. Klasse und ein Dingi vorgesehen.
Die Unterkünfte sollten für insgesamt 301 Mann Besatzung ausgelegt werden, wovon 22 Reserveplätze sein sollten.

Der Stapellauf

Der vorgesehene Termin des Stapellaufs wurde aus verschiedenen Gründen mehrfach verschoben. Zuerst lag es an der verspäteten Auslieferung des Materials für die Deckpanzerung, dann mußte der Kleine Kreuzer *Stuttgart* außerplanmäßig gedockt werden, und schließlich galt es, die Beseitigung einer Havarie des Großen Kreuzers *Hansa* vorzuziehen. So kam es nicht

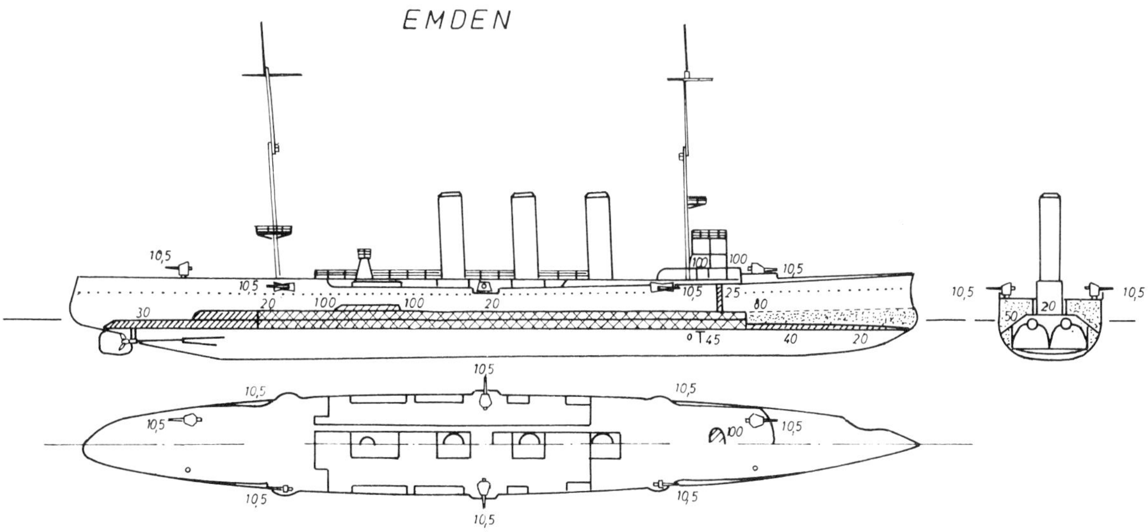

Dicke der Panzerung in mm,
Kaliber der Geschütze in cm

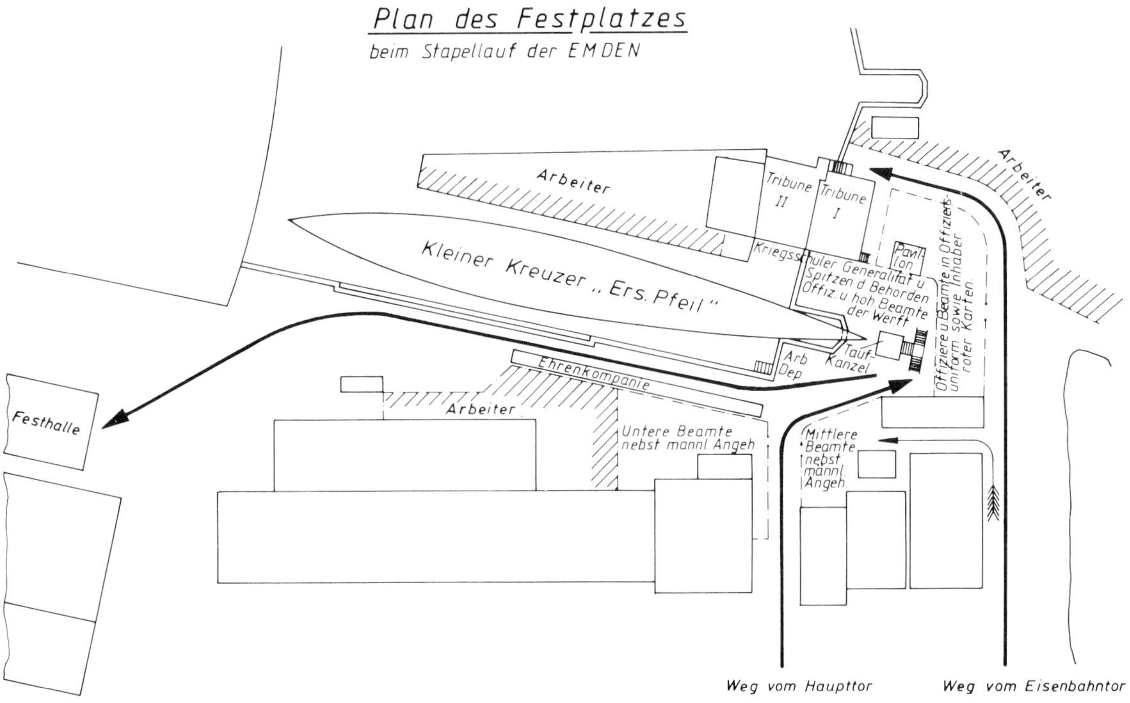

Programm für die am 26. Mai 1908 stattfindende Taufe des auf der Kaiserlichen Werft zu Danzig erbauten Kleinen Kreuzers »Ersatz *Pfeil*«.

1. Die Taufe erfolgt durch den Oberbürgermeister von Emden, Herrn Geheimen Regierungsrat Fürbringer, um 12 Uhr mittags; sie findet vor dem Abschleppen statt.
2. Der Zugang zur Werft erfolgt auf den in umseitiger Skizze angegebenen Wegen.
3. Die für die Angehörigen der Offiziere und Beamten der Garnison reservierten Plätze auf den Tribünen müssen 10 Minuten vor 12 Uhr eingenommen, desgleichen muß auch die Aufstellung der übrigen Teilnehmer auf dem Festplatz zu dieser Zeit beendet sein; später ist der Zutritt zur Werft nicht mehr gestattet. Die Einlaßkarten sind auf Verlangen vorzuzeigen.
4. Nach Ankunft gegen 12 Uhr begibt sich der Oberbürgermeister von Emden, Herr Geheimer Regierungsrat Fürbringer, in Begleitung des Staatssekretärs des Reichs-Marine-Amts bezw. dessen Vertreters, des Ober-Werft-Direktors und des Schiffbau-Direktors auf die Kanzel und hält die Taufrede. Sobald die Hurras auf Seine Majestät ausgebracht sind, präsentiert die Ehrenwache, die Musik spielt die Nationalhymne.
5. An die Taufe schließt sich die Besichtigung des Abschleppens an.
6. Zum Abschluß der Feierlichkeit vereinigt der Ober-Werft-Direktor die besonderes geladenen Gäste zu einer Erfrischung in der Festhalle.
7. Anzug für Offiziere: Dienstanzug mit Orden (Marineoffiziere pp. blaue Mütze), für Herren in Zivil: Überrock, hoher Hut.

zum ursprünglich vorgesehenen Ablauf Anfang August 1907. Entsprechende Meldungen gingen direkt an den Kaiser. Das mag etwas verwunderlich klingen, aber die Flotte war des Kaisers ureigenstes Kind.

Nachdem das Deutsche Reich im Jahre 1871 gegründet worden war, stand die damalige, recht kleine und auch uneffektive Marine völlig im Schatten des Heeres, das im Kriege gegen Frankreich einen so glänzen-

den Sieg errungen hatte. Erst als Wilhelm II. im Jahre 1888 den Thron bestieg, sollte sich das ändern. Zwar war er Deutscher Kaiser, aber er war nur der Oberbefehlshaber des Preußischen Heeres in seiner Eigenschaft als König von Preußen. Erst in einem Kriege war er der Oberste Kriegsherr. Bei der Flotte war es anders, sie war eine Reichskriegsmarine, und hier war der Kaiser der Oberbefehlshaber[2].
Er war derjenige, der sich anschickte, dem Deutschen Reich jenes Machtinstrument zu geben, von dem er meinte, daß es notwendig war, nämlich eine mächtige Flotte. Und wenn man sich dieses Deutschland näher anschaute, so war es auch verständlich, denn es war nicht nur zu einer der größten Industrienationen der Welt geworden, es besaß auch außerhalb seiner Grenzen eine ganze Reihe von Besitzungen, nicht nur in Afrika, auch im pazifischen Raum und in Ostasien. Der Handel nahm immer umfangreichere Formen an, mit ihm wuchs die Handelsflotte. Und daher war eine allen Aufgaben des Schutzes dieser Verbindungen und Besitzungen gewachsene Flotte erforderlich. Es war sicherlich nicht die Absicht des deutschen Staatsoberhauptes, die Flotte als Angriffswaffe zu bauen, aber ein Machtinstrument war sie schon.
Der Stapellauf fand am 26. Mai 1908 statt. Die Zahl der Ehrengäste war umfangreich. Anwesend war unter anderem der spätere – im Ersten Weltkrieg bekannt gewordene – Generalfeldmarschall von Makkensen. Die Taufrede hielt der Oberbürgermeister der Stadt Emden, Geheimer Regierungsrat Fürbringer.

Die Erprobungen

Nach dem Stapellauf des nun auf den Namen *Emden* getauften neuen Kreuzers wurde der Vollzug mit insgesamt vier Telegrammen aktenkundig gemacht. Das erste ging direkt an Seine Majestät, Kaiser Wilhelm II. In ihm meldete der Staatssekretär den Stapellauf Seiner Majestät Schiff Kleiner Kreuzer *Emden*. Mit dem zweiten meldete der Staatssekretär den vollzogenen Stapellauf dem Reichskanzler. Das dritte Telegramm ging als Mitteilung an den Chef des Admiralstabes der Marine, Adm Graf Baudissin, das letzte schließlich an das Kaiserliche Kommando der Marinestation der Ostsee. Letzterem wurde gleichzeitig mitgeteilt, daß die *Emden* der Marinestation der Ostsee zugeteilt worden sei.
Nachdem die Endausrüstung nahezu abgeschlossen war, wurde das Schiff am 10. Juli 1909 vorläufig in Dienst gestellt. Diese erste Indienststellung erfolgte lediglich, um die vorgeschriebenen Erprobungen durchzuführen. Federführend hierfür war die Schiffs-Prüfungskommission unter der Leitung von KAdm Prowe. Aufgabe dieser aus Spezialisten bestehenden Kommission war es, das Schiff in seiner Gesamtheit auf Herz und Nieren zu prüfen, Mängel zu erkennen und Vorschläge für die Abstellung zu machen, Verbesserungs- oder Änderungsvorschläge niederzulegen. In Friedenszeiten nahm diese Prozedur eine gewisse Zeit in Anspruch – die man ja auch hatte. Der Leiter der Prüfgruppe war KKpt Graf von Posadowsky, dazu gehörten Oberstabsarzt Dr. Martin, Stabsingenieur Klein, FKpt Bertram sowie die Stabsingenieure Boden und Thomsen. Außerdem gehörten noch dazu der Kommandant des Kreuzers, FKpt Engels, Marine-Baurat Bergemann, Maschinen-Baumeister Neumann und der Feuerwerker-Olt Kugler.

Das Erprobungsverhältnis währte bis Ende September 1909, der endgültige Abschlußbericht wurde am 9. Oktober 1909 erstellt. Anläßlich der jährlich stattfindenden »Kaisermanöver« wurden die Erprobungen unterbrochen. Am 21. August 1909 erhielt der Kreuzer den Befehl zur Manöverteilnahme und lag ab 29. August 1909 als Begleitschiff der Kaiserlichen Yacht *Hohenzollern* in Swinemünde.
Nach der Berechnung war die *Emden* mit 4100 t um ~ 150 t größer als die zur vorangegangenen Klasse gehörenden Kleinen Kreuzer *Stuttgart* und *Nürnberg*. Bei voller Ausrüstung (volle Kohlenbunker, 75 Prozent gefüllte Wasserzellen und der Dichte des Seewassers bei Danzig $\gamma = 1{,}0023$) betrug der Tiefgang vorne 5,031 m, hinten 5,445 m; im Mittel 5,27 m.
Die Übergabefahrt von seiten der Werft an die Prüfungskommission erfolgte am 17. Juli 1909. Hierbei machte das Schiff bei einer Wellendrehzahl von 120 u/min 21 kn.
Vor der Fahrt wurde ein Tiefgang von 4,953 m vorne und 5,338 m hinten gemessen. Nach der Fahrt waren es vorne noch 4,838 m und hinten 5,332 m.
Gemäß Erprobungsplan war für die Probefahrten eine Verdrängung von 3640 t vorgeschrieben, der mittlere Tiefgang sollte 4,825 m betragen.

Bei der am 30./31. Juli 1909 durchgeführten 24-Stunden-Fahrt zeigten sich folgende Ergebnisse:

Tabelle 2: Probefahrt 30./31. Juli 1909

Wetterlage	Wind	See
30. 7. 1909 um 0900 Uhr	West 3–4	2–3
31. 7. 1909 um 0900 Uhr	Westsüdwest zunehmend	2–3 zunehmend

Tiefgang	Vor der Fahrt	Nach der Fahrt	Im Mittel
vorne	4,575 m	4,395 m	4,485 m
hinten	5,20 m	5,14 m	5,17 m

Propeller	Durchmesser	Steigung
Stb	4,30 m	6,3
Bb	4,30 m	6,3

Hauptmaschinen Füllung	HD-Zyl.	MD-Zyl.	ND-Zyl.
Stb	0,44	0,51	0,51
Bb	0,44	0,51	0,56

	Leistung	Drehzahl
Stb	2415 PSi	95,14 u/min/Welle
Bb	2603 PSi	95,1 u/min/Welle
Gesamt	5018 PSi	95,12 u/min (im Mittel)/Welle

Betriebsdruck
Kesselraum II 16,1 atü
Kesselraum III 16 atü
Dampfdruck vor der Maschine Stb 11,8 atü
Bb 13,2 atü

Brennstoffverbrauch, bezogen auf alle Verbraucher: 4559 kg Kohle pro Stunde
0,845 kg/PSh

Der Luftüberdruck unter den Rosten war normal 8,6 mm WS, bei forcierter Fahrt 17 mm WS.

Der Speisewasserverbrauch lag für acht Kessel bei 528 l/h

Schon bei dieser – an sich reinen Brennstoffmeßfahrt – aber auch bei den nachfolgenden Probefahrten, z. B. am 10., 11./12., 17./18. und schließlich am 20. August 1909 stellte man fest, daß die Lastaufnahme der beiden Maschinen unterschiedlich war, somit auch die Leistung. Bei den Fahrten, die der Leistungsmessung galten, ergab sich ein krasses Mißverhältnis zwischen der Leistung und der erzielten Geschwindigkeit, obwohl sich an der Form des Schiffskörpers, im Vergleich zu den Vorgängern, nichts Wesentliches geändert hatte. Jedenfalls machte es Mühe, die vorgegebenen Forderungen zu erfüllen. Allerdings war das Schiff im Gegensatz zu den früheren Kreuzern dieses »Einheitstyps« etwas schwerer. Schließlich machte man von seiten der Werft und der Prüfungskommission den Vorschlag, den Durchmesser der Propeller um 200 mm zu verringern. Man führte dazu als Vergleich die Maße anderer Kreuzer an, die den zuvor gebauten Gruppen bzw. Klassen angehörten.

Tabelle 3: Propellervergleichsmaße

Schiff	Steigung	Durchmesser	Verhältnis H/D
Danzig	5,75	3,90 m	1,47
Berlin	6,43	3,90 m	1,65
Stuttgart	6,4	4,0 m	1,6
Königsberg	6,55	4,0 m	1,64
Emden	6,3	4,3 m	1,466
Emden	6,3	4,1 m	1,54

Dieser Vorschlag wurde vom Reichsmarineamt abgelehnt, einer Verringerung der Steigung von 6,3 auf 6 jedoch zugestimmt. Hierzu verlegte der Kreuzer in die Werft nach Kiel, wo das erforderliche Docken erfolgte. Im Dock stellte man fest, daß die Steigung des Stb-Propellers bei 6,45 lag, die des Bb-Propellers bei 6,25.

Mit der neuen Steigung wurde bei der nachfolgenden Meilenfahrt in der abgesteckten Tiefwassermeile vor Neukrug dann im Mittel eine Geschwindigkeit von 24,014 kn erzielt. Die Leistung lag bei 16350 PSi, die Drehzahl bei 143,35 u/min/Welle. Im Vergleich dazu erreichte die turbinengetriebene *Dresden* eine Geschwindigkeit von 25,264 kn, bei einer Leistung von 13146 WPS und 135 u/min/Welle. Allerdings fuhr sie dabei mit einem Luftüberdruck von 109 mm WS, im Gegensatz zu 65 mm WS bei der *Emden*. Der Brennstoffverbrauch lag bei Marschfahrt von 12 kn bei 0,16 kg/PSh Kohle.

Die geforderte Leistung von 13500 PSi bei 150 u/min/Welle für eine sechsstündige forcierte Fahrt und 15000 PSi Höchstleistung in der Meile wurde jetzt zwar mit 15696 PSi bzw. 16350 PSi weit überschritten, aber es blieb bei dem krassen Mißverhältnis zur Geschwindigkeit. Der Leistungsaufwand, um die Geschwindigkeit vorheriger Kreuzer zu erreichen, war gewachsen, die Geschwindigkeit nicht. Mag sein, daß auch die festgestellte Steuerlastigkeit (das ist die Trimm zum Heck) dabei eine gewisse Rolle spielte, sicherlich waren die letzten Erkenntnisse zu jener Zeit auch noch nicht so umfassend, wie es heute der Fall ist. Mit Abschluß des Erprobungsverhältnisses am 30. September 1909 stellte die *Emden* vorläufig außer Dienst und wurde in den Reservestatus versetzt.

Die Gründe dafür lagen darin, daß nicht genügend Personal vorhanden war, um die erforderliche Besatzung zu komplettieren. Es war gerade die Zeit des großen Umbruchs, die bis dahin im Ausland stationierten älteren Einheiten, z. B. die Kleinen Kreuzer der *Gazelle*-Klasse und auch andere Fahrzeuge, wurden erst nach und nach in der Heimat erwartet, wo sie dann außer Dienst stellten, um mit ihren Besatzungen neue Schiffe zu bemannen. So wartete man bei der *Emden* z. B. auf die Rückkehr der *Arcona,* aber die verzögerte sich, weil diese noch andere Aufgaben zu erfüllen hatte.

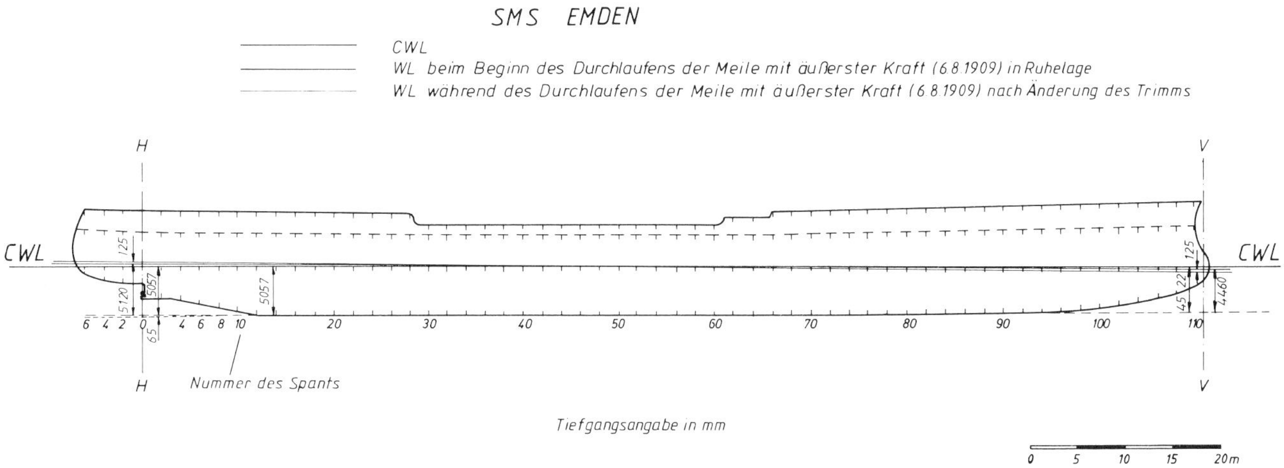

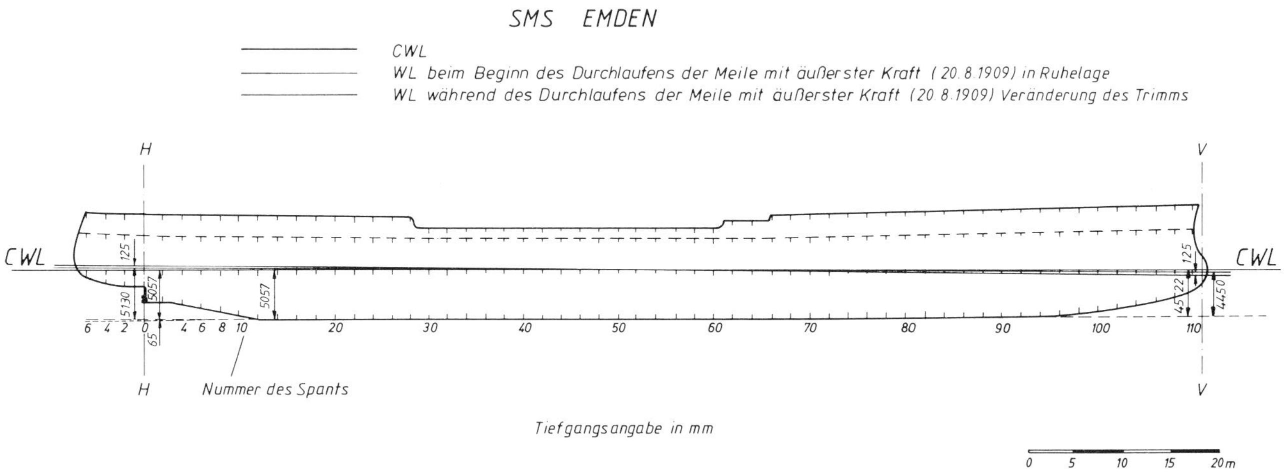

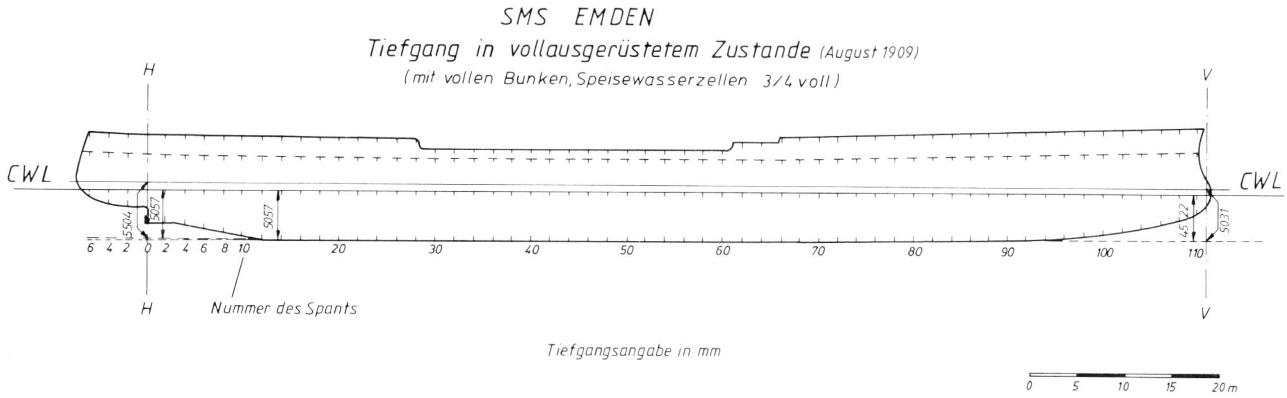

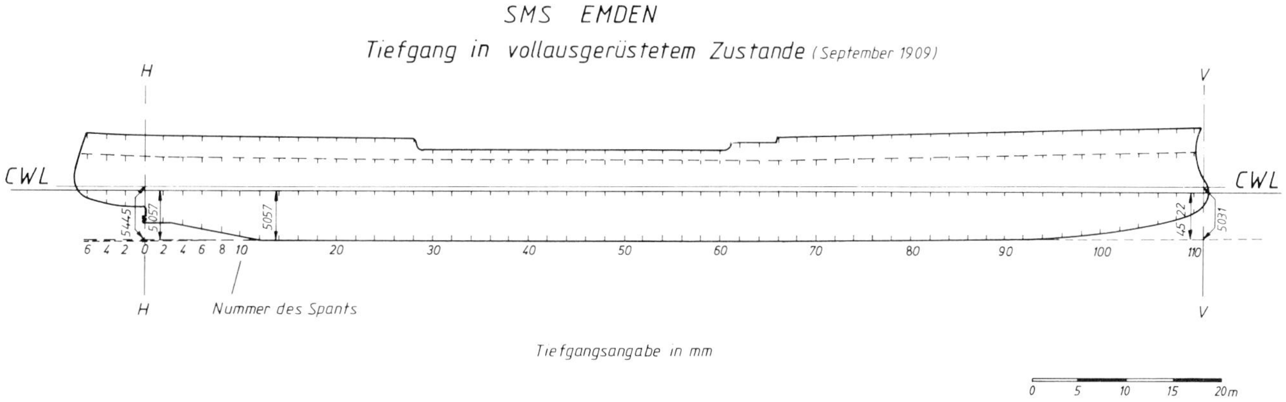

Tabelle 4: Die endgültigen Einzelheiten des Kleinen Kreuzers *Emden*

Bauangaben	
Etatbewilligung	1906 (I. Rate)
Bauwerft	Kaiserliche Werft Danzig
Auftragserteilung	6. April 1906
Kiellegung	1. November 1906
Stapellauf	26. Mai 1908
Fertigstellung	Juli 1909
Indienststellung	10. Juli 1909
Baukosten	siehe Anmerkungen
Baunummer	815
Abmessungen	
Bruttoregistertonnen (n. Schiffsmeßbrief)	2624,303 BRT
Nettoregistertonnen (n. Schiffsmeßbrief)	507,49 NRT

Konstruktionsverdrängung	3664 t
(dieser Verdrängung liegt zugrunde:	
102 t Proviant und Ersatzteile	
22 t Frischwasser	
65 t Speisewasser	
400 t Kohle	
Die Verdrängung entspricht bei einer Wasserdichte von $\gamma = 1{,}015$ einem Rauminhalt von 3610 m³)	
Einsatzverdrängung	4268 t
Länge (über alles)	118,30 m
Länge (pp)	111,00 m
Länge (cwl)	117,90 m
Breite	13,50 m

Breite, maximal	13,56 m
Seitenhöhe	7,80 m
Konstruktionstiefgang, vorn	4,50 m
Konstruktionstiefgang, hinten	5,10 m
Tiefgangszunahme	10,59 t/cm

Schiffskörper

Material: Schiffbaustahl (Siemens-Martin-Flußeisen) 12 wasserdichte Querschotte, XIII Abteilungen, im Innern wasserdichter Boden von Spt. 21 bis Spt. 74 bis zum 4. Längsspant und von Spt. 74 bis Spt. 80 bis zum 2. Längsspant. Von Spt. 21 bis Spt. 40 befindet sich ein Mittellängsschott zur Trennung der Haupt- und Hilfsmaschinenräume.

An jeder Schiffsseite sitzt ein Wallgangschott (zugleich Kohlenbunkerschott), das zwischen Spt. 21 und Spt. 74 vom Doppelboden bis zum Panzerdeck reicht.

Die Kohlenbunker sitzen in den Wallgängen unter dem Panzerdeck zwischen Spt. 40 bis Spt. 74 als Längsbunker, die Begrenzung erfolgt durch Querbunker bei Spt. 40/41 und Spt. 73/74. Weitere Längsbunker sitzen zwischen dem Panzerdeck und Oberdeck von Spt. 33 bis Spt. 75.

Das Schiff hat eine lange, zur Bordwand hin abgerundete Back und lange Hütte. Über dem hinteren Ende der Back befindet sich die Brücke, unter dieser der Kommandoturm. Back und Hütte sind durch eine Laufbrücke miteinander verbunden.

Das freie Oberdeck zwischen Back und Hütte ist an den Seiten mit 75 mm, mittschiffs mit 65 mm dicken Teakholzbohlen belegt, das übrige Deck mit Stahlplatten versehen.

Höhe der Back über cwl	6,60 m
Höhe der Hütte über cwl	5,80 m

Der Vor- u. Hintersteven sind aus Stahlgußform gearbeitet.

Unter der Wasserlinie sitzt an jeder Seite des Schiffskörpers ein 35 m langer Schlingerkeil.

Masten: Fock- und Großmast, je 41,3 m hoch, einschließlich Funkstengen.

Die Marse sitzen jeweils in einer Höhe von 23,1 m, die Krähennester bei 33,6 m.

Die Scheinwerferpodeste befinden sich an den Masten in einer Höhe von 16,1 m.

Die Masten haben einen leichten Fall nach hinten.

Schornsteine: drei mit je 18,2 m Höhe.

Schiffsschutz

Horizontal:

Das Panzerdeck reicht von Spt. –3 bis zum Vorsteven[1] und besitzt ein waagerechtes Mittelteil sowie um 37° geneigt stehende Seitenteile. Das hintere Ende ist bei Spt. 10/11 durch eine schrägstehende Glacisplatte, 80 mm dick, das vordere Ende zwischen Spt. 80 und Spt. 87 durch Panzersüllplatten – 80 mm dick – mit dem höher liegenden Mittelteil verbunden. Der Schnittpunkt der geneigten Mallkante mit der Außenkante Spantwinkel liegt in der Mitte 1,20 m unter der cwl.

Material	Lage und Abmessungen
Schiffbaustahl (1. Lage)	10 mm im horizontalen Teil zwischen Spt. 10,5 bis Spt. 87 15 mm von hinten bis zum Vorsteven mit Ausnahme des Bereiches zwischen Spt. 10,5 bis Spt. 87
Schiffbaustahl (2. Lage)	10 mm quer über das Schiff von Spt. 10,5 bis Spt. 87 15 mm quer über das Schiff von hinten bis zum Spt. 10,5
niedrigprozentiger NS	25 mm quer über das Schiff von Spt. 87 bis nach vorn
niedrigprozentiger NS (3. Lage)	25 mm auf den Böschungen bis an den Korkdamm bzw. bis zur Innenkante des Spantwinkels Spt. 10,5 bis Spt. 87

Vertikal:

Ein Panzersüll über den Maschinenräumen, das aus der untersten 10 mm dicken Lage des Panzerdecks besteht, mit aufgeschraubten gehärteten Panzerplatten von 100 mm Stärke.

Ein Panzersüll um die Niedergänge im Panzerdeck zwischen Spt. 80 und Spt. 87, das aus der untersten 15 mm dicken Lage der Panzerdecks kommt – die vordere Süllplatte erhält außerdem noch eine 10-mm-Doppelung – und daraufgeschraubte gehärtete Panzerplatten von 80 mm Stärke.

Waffen:

Die vier Geschütze auf der Back und Hütte sowie die beiden mittleren an Oberdeck haben Schutzschilde von 50/25/20 mm Dicke.

Kommandoturm:

Gehärtete Panzerplatten von 100 mm, das Schutzschild ist 80 mm. Der Boden besteht aus 30 mm (15 + 15) 25 % amagnetischem NS, die Decke aus 20 mm 25 % NS. Das Verbindungsrohr für die Kommandoelemente hat einen lichten Durchmesser von 0,5 mm und einen Schutz aus 25 mm weichem NS.

Munitionsförderschächte:

Für diese ist kein Schutz vorgesehen.

Korkdamm:

Zum Schiffsschutz gehört auch ein Korkdamm, der auf dem Panzerdeck sitzt, und der an den beiden Schiffsseiten jeweils von Spt. 21 bis zum Vorsteven reicht.

Bewaffnung

10 × 10,5-cm-SK/L 40 auf Marine-(Mittel-)Pivotlafette (M.P.L.) C/1904

(2 auf der Back hinter dem Wellenbrecher Stb und Bb,
2 auf dem vorderen Oberdeck in Ausbauten – Schwalbennest – unter der Back an Stb und Bb,
2 auf dem mittleren Oberdeck an Stb und Bb,
2 auf dem hinteren Oberdeck in Ausbauten – Schwalbennest – unter der Hütte an Stb und Bb,
2 auf der Hütte an Stb und Bb)

Höhe der Rohrachsen über der cwl

Geschütze auf der Back	6,97 m
Geschütze auf dem vorderen Oberdeck	4,44 m
Geschütze auf dem mittleren Oberdeck	4,24 m
Geschütze auf dem hinteren Oberdeck	4,26 m
Geschütze auf der Hütte	6,67 m

Bestreichungswinkel[2]	Stb	Bb
Geschütze auf der Back	340°–145°	215°– 20°
Geschütze auf dem vorderen Oberdeck	360°–155°	205°–360°
Geschütze auf dem mittleren Oberdeck	23°–158°	197°–337°
Geschütze auf dem hinteren Oberdeck	25°–180°	180°–335°
Geschütze auf der Hütte	40°–220°	140°–320°

Maximale Rohrerhöhung	30°
Maximale Rohrabsenkung	–10°
Rohrgewicht	1550 kg
Geschoßgewicht	16 kg
Gewicht der Treibladung	5,05 kg
V_0	840 m/sek
Mündungsenergie	575 mt
Feuergeschwindigkeit	8 Schuß/min/Rohr
Maximale Reichweite	12200 m

8 × 5,2-cm-SK/L 55 auf M.P.L.C/1903
(2 im Vorschiff unter der Back an Stb und Bb,
2 auf dem hinteren Ende der Back an Stb und Bb,
2 auf Plattformen mittschiffs an Stb und Bb,
2 im Hinterschiff unter der Hütte an Stb und Bb)

Maximale Rohrerhöhung	20°
Maximale Rohrabsenkung	–10°
Maximale Reichweite	7100 m

2 × 8-mm-Maschinengewehre (MG) in Decksaufstellung

Maximale Reichweite	2400 m
Feuergeschwindigkeit	250 Schuß/MG

2 × 45-cm-UTR, Aufstellung als Breitseitrohre unter dem Panzerdeck zwischen Spt. 74 und Spt. 80.
Die Rohre weisen voraus nach 20°, gemessen nach querab und 2° nach unten.

Für den Auslandeinsatz zusätzlich:
1 × 6-cm-Bootskanone/L 21 auf Bootslafette C/1900, bzw. 6 cm L.L.-Lafette C/1900
2 × 8-mm-MG

Munitionsvorrat
10,5-cm-Einheitsmunition:
pro Geschütz 75 Sprenggranaten (Iz)[3]
pro Geschütz 75 Sprenggranaten (Kz)

Gesamt: 750 Sprenggranaten (Iz)
Gesamt: 750 Sprenggranaten (Kz)

Für den Auslandseinsatz:
anstelle von 30 Sprenggranaten (Kz) dann 30 Stahlschrapnellgranaten
5,2-cm-Einheitsmunition: Gesamt 2000 Schuß
8-mm-Stahlgeschosse: Je MG 10000 Patronen, gesamt 20000 Patronen (im Ausland 40000)
6-cm-Landungsgeschütz: 241 Granaten
45-cm-UTR: 5 Torpedo C/1903

Die Munition ist in vier Munitionskammern – 2 vorn und 2 hinten – untergebracht, die Munitionsförderung geschieht durch 2 Doppelschächte bei Spt. 86/87, Spt. 80, Spt. 21 und Spt. 18/19. Die Schächte münden jeweils unter der Back und auf/unter der Hütte. Die Förderung geschieht durch elektrische Winden, bei Ausfall dieser auch von Hand.
Die MG-Munition befindet sich in der vorderen Mun.-Kammer.

Maschinenanlage
2 Stehende Dreizylinder-Dreifachexpansionsmaschinen, Hersteller Kaiserliche Werft, Danzig, untergebracht in zwei Maschinenräumen.
Leistung: 13500 PSi bei ~ 150 u/min ≙ 23,5 kn
Leistung: 15000 PSi – forciert – ≙ 24 kn
2 Wellen, vierflügelige Propeller je 4,3 m Durchmesser, Steigung 6,3 (später (6,0)
12 Marine(Schulz)-Wasserrohrkessel – mit engen Rohren – untergebracht in vier Kesselräumen, Hersteller Kaiserliche Werft Danzig.
Betriebsdruck 16 atü
Insgesamt 24 Feuer
Rostfläche insgesamt 74,24 m²
Heizfläche insgesamt 3438,12 m²
Natürlicher Kesselzug, jedoch künstlicher Zug (forciert) möglich
Kohlenvorrat gemäß Konstruktionslegende: 400 t
Kohlenvorrat gemäß Einsatzverdrängung: ~ 790 t

(Umrechnung 1 t Kohle ≙ ~ 1,3 m³ Stauraum)

Leistungen/Fahrbereich/Brennstoffverbrauch:

6 Stunden forcierte Fahrt bei 15683 PSi/134,75 u/min, mit 12 Kesseln in Betrieb und einem Luftüberdruck unter den Rosten von 61,6 bis 77,4 mmWS. Brennstoffverbrauch 0,9457 kg/PSh (einschließlich Hilfsmaschinen), Geschwindigkeit ~ 23 kn.

24 Std-Brennstoffmeßfahrt bei 7425 PSi/113,35 u/min, mit 12 Kesseln in Betrieb und einem Luftüberdruck unter den Rosten 5,6 mmWS. Brennstoffverbrauch 0,769 kg/PSh (einschließlich Hilfsmaschinen). Geschwindigkeit 20 kn.

24 Std-Brennstoffmeßfahrt bei 5036 PSi/95,1 u/min, mit 8 Kesseln in Betrieb und einem Luftüberdruck unter den Rosten von 3,1 mmWS. Brennstoffverbrauch 0,849 kg/PSh (einschließlich Hilfsmaschinen). Geschwindigkeit 17 kn.

24 Std-Brennstoffmeßfahrt bei 1605 PSi/62,1 u/min, mit 4 Kesseln in Betrieb und einem Luftüberdruck unter den Rosten von 2,2 mmWS. Brennstoffverbrauch 0,9388 kg/PSh (einschließlich Hilfsmaschinen). Geschwindigkeit 12 kn.

Meilenfahrt bei Höchstleistung mit 16350 PSi/143,35 u/min, mit 12 Kesseln in Betrieb und einem maximalen Luftüberdruck unter den Rosten von 75 mmWS. Geschwindigkeit 24,014 kn.

Geschwindigkeit (kn)	Leistung (PSi)	Drehzahl (u/min)	Kessel in Betrieb	Brennstoffverbrauch (t/Tag)
5		30	2	26
7		40	3	30
8	562,8	46	3	34
9		52	3	40
10	1126,7	58	4	46
11		64	4	52
12	1666,5	69	4	60
13		75	5	70
14		81	6	79
15		87	6	88
17	5151,37	99	8	120
19		111	10	170
20	7652,16	117	11	205
21		123	11	250
23,85	16171,2	141	12	371

Dampfstrecke bei Marschgeschwindigkeit 12 kn:

1900 sm mit dem Kohlenvorrat gemäß Konstruktionsspezifikation von 400 t

3760 sm mit dem Gesamtkohlenvorrat von ~ 790 t

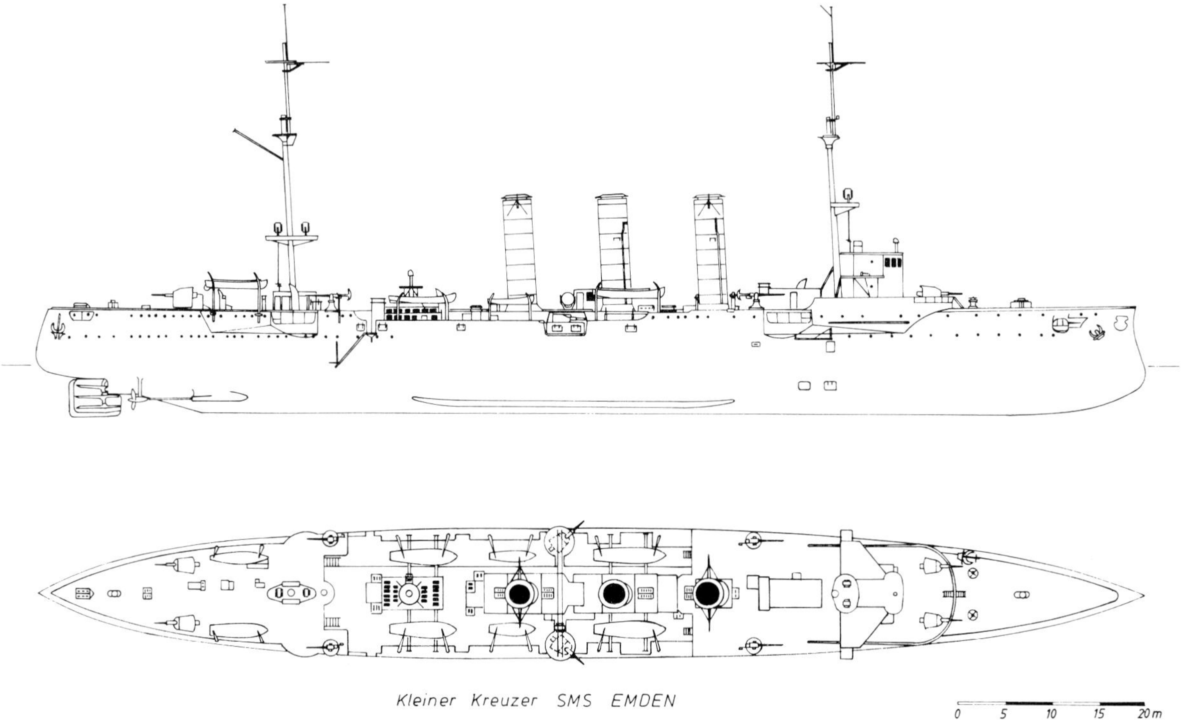

Kleiner Kreuzer SMS EMDEN

Sparsamste Fahrtstufe	= 8	kn
Marschgeschwindigkeit	= 12	kn
Dauerhöchstfahrt	= 20	kn
Forcierte Höchstfahrt	= 23,85	kn

Hilfsmaschinen/Schiffsbetriebsanlagen

3 TurboGeneratoren mit je 45 kW für die elektrische Versorgung, untergebracht in zwei Hilfsmaschinenräumen über dem Plattformdeck und in einem Hilfsmaschinenraum an Bb-Seite, Zwischendeck, von Spt. 25 bis Spt. 29.
2 Frischwassererzeuger mit einer Leistung von 100 t/Tag.
1 Ruderanlage, bestehend aus einer Dampfrudermaschinenanlage und einer (Not-)Handrudereinrichtung. Ein Mittelruder.
Größter Ruderlagenwinkel 40°.

Drehkreise: Ruderlage (°)	Geschwindigkeit (kn)	Drehkreisdurchmesser Stb(m)	Bb(m)
35	7	550	543
35	10	548	460
35	11	455	460
35	12	465	560
35	14,5	545	530
35	20	550	515

2 Bugankerspills mit insgesamt drei Bug(Hall-)ankern je 2560 kg Gewicht.
1 Heckankerspill mit einem Heck(Hall-)anker von 1000 kg Gewicht.
1 Warp(Hall-)anker mit 300 kg Gewicht[4].

Ausrüstung

2 Scheinwerfer auf einem Doppelpodest des Fockmastes
2 Scheinwerfer auf einem Doppelpodest des Großmastes
1 transportabler Signalscheinwerfer
1 Dampfbeiboot II. Klasse, vorgesehen zur Aufnahme des 6-cm-Landungsgeschützes oder ein 8-mm-MG
1 Motorboot III. Klasse
1 Pinasse II. Klasse
2 Kutter II. Klasse, vorgesehen für die Aufnahme je ein 8-mm-MG
2 Jollen II. Klasse

Stabilitätswerte

Metazentrische Höhe quer = 0,59 m
Maximaler Stabilitätswinkel ~ 55°

Besatzung: 365, davon 16 Offiziere

[1] Da das Heck zur Wasserlinie hin schräg nach hinten abfallend war, die Meßstelle für die Länge (pp) also vor dem äußersten Schiffsende lag, wurden die Spanten bis zum Spant 0 mit einem Minuszeichen versehen.
[2] Die Winkelgrade werden von vorne gezählt, beginnend am Bug mit 360°, Heck 180°, im Uhrzeigersinn gedreht.
[3] Iz gleichbedeutend mit Aufschlagzünder, Kz mit Kopfzünder.
[4] Warpanker = Wurfanker.

Anmerkung:
Die Baukosten werden in den unterschiedlichen Quellen erheblich voneinander abweichend angeführt.
Gröner: Die deutschen Kriegsschiffe = 5,96 Mio. Goldmark
Warship Profile, Heft 25 = 8 802 882,85 Reichsmark
Lochner = Die Kaperfahrten des Kleinen Kreuzer Emden = 6,38 Mio. Mark

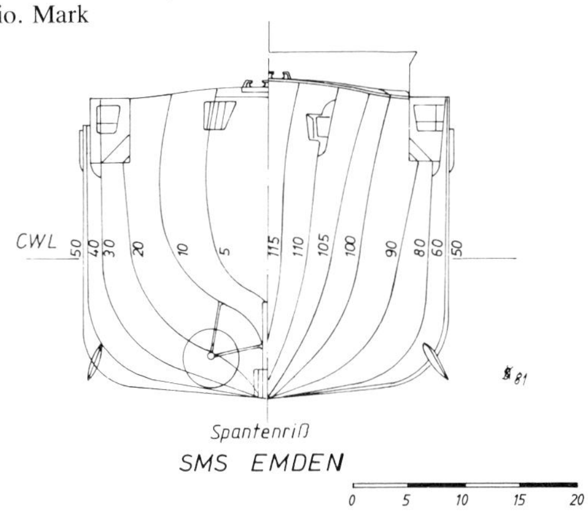

Spantenriß
SMS EMDEN

Der Lebenslauf

Über Leben und Sterben dieses Kleinen Kreuzers ist oft und viel geschrieben worden, gehörte er doch zu jenen Schiffen der Kaiserlichen Marine, die tatsächlich etwas erlebt hatten, und was viel wichtiger war: Der Kreuzer war in ehrenvollem Kampf einem überlegenen Gegner unterlegen. So ist es kein Wunder, wenn sich um die *Emden* eine Art Mythos aufbaute und ihr Lebenslauf immer wieder zu Papier gebracht wurde, zuletzt in einem ausgezeichnet geschriebenen Taschenbuch[3]. Es ist müßig, dieses alles im Detail zu wiederholen. Daher soll die Beschreibung der Dienstzeit des Kreuzers sich mit dem Wesentlichen begnügen. Die endgültige Indienststellung des Kreuzers erfolgte am 1. April 1910. Gleichzeitig erreichte den neuen

Kommandanten KKpt (später FKpt) Vollerthun der Ausreisebefehl. *Emden* war dem ostasiatischen Kreuzergeschwader zugeteilt, das seinen Hauptstützpunkt in Tsingtau hatte. Die dem – oft auch als Ostasiengeschwader bezeichneten – Kreuzergeschwader unterstellten Einheiten waren zum überwiegenden Teil den verschiedenen Stationen im pazifischen Raum zugeteilt; nur zu gemeinsamen Manövern trafen sie in Abständen zusammen. Rückgrat dieses Geschwaders waren die beiden Panzerkreuzer *Scharnhorst* und *Gneisenau*. Das Geschwader machte Schlagzeilen, als es unter Führung des VAdm Graf Spee im November 1914 in einem glänzenden Seesieg die britischen Panzerkreuzer *Good Hope* und *Monmouth* versenkte und weitere Schiffe beschädigte. Am 8. Dezember 1914 erlag es vor den Falkland-Inseln einem weit überlegenen Gegner. *Scharnhorst* und *Gneisenau* gingen unter, mit ihnen die Kleinen Kreuzer *Nürnberg* und *Leipzig*. Der Kleine Kreuzer *Dresden* konnte zwar entkommen, wurde jedoch später, in neutralen Gewässern liegend, von britischen Streitkräften ohne Gegenwehr versenkt.
Normalerweise führte die Fahrtroute nach Ostasien durch das Mittelmeer und den Suezkanal. *Emden* mußte jedoch anders fahren. Sie erhielt Befehl, gemeinsam mit dem Kleinen Kreuzer *Berlin* das Deutsche Reich in Argentinien und Uruguay bei dort stattfindenden Staatsfeierlichkeiten zu vertreten. Von dort aus sollte sie den Pazifik ansteuern, um schließlich zum Kreuzergeschwader zu stoßen. Am 12. April 1910 verließ sie den Heimathafen Kiel – um nie wiederzukehren.
Während der Atlantiküberquerung nutzte der Kommandant die Zeit, die Besatzung einzufahren. Neben dem üblichen Rollendienst und Gefechtsexerzieren wurde großer Wert auf die Erprobung der Funkanlagen gelegt, ein wichtiges – wenn nicht sogar das wichtigste – Verbindungsmittel zur Heimat. Diesem neuen Fernmeldemittel hat die deutsche Marine von dessen Einführung an großen Wert beigemessen. Nach Abschluß der Repräsentationspflichten verließ der Kreuzer die Ostküste Südamerikas und wechselte in den Pazifik. Nach einem Abstecher nach Valparaiso nahm er schließlich Kurs auf Tahiti, wo er am 12. Juli 1910 eintraf. Nachdem vor der Abfahrt von Chile nochmals Kohle übernommen worden war, legte das Schiff die etwa 4200 sm lange Strecke ohne Kohlenergänzung zurück, ein Beweis für die vorzügliche Führung des schiffstechnischen Bereiches. Übrigens hatte sich die *Emden* diesmal bis zur »Halskrause« mit Kohlen versorgt, sie hatte insgesamt etwa 1100 t Kohle übernommen, anstelle der vorgegebenen 790 t, jeder verfügbare Platz an Bord war vorsorglich mit Kohle gefüllt worden. Der Kohlenverbrauch für die 4200 sm lag bei 893 t.
Mit dem Fallen des Ankers in Tahiti und der Meldung des Kommandanten vom 22. Juli 1910 vollzog sich die Unterstellung des Kreuzers unter die Führung des Kreuzergeschwaders.
Die nun folgende Zeit war ausgefüllt mit den üblichen Aufgaben eines Stationsschiffes, Zeigen der Flagge, sowohl in abgelegenen Seegebieten als auch in den unterschiedlichsten Regionen der Inselwelt des Pazifik; Besuch der zahlreichen ausländischen Häfen; Einsätze gegen Aufständische und Niederschlagung dieser Rebellionen; Landungsunternehmungen zur Befriedigung unruhiger Gebiete[4], Freundschaftsbesuche; Einzel- und Geschwaderübungen. Der Haupteinsatzraum jedoch waren immer wieder die Häfen des chinesischen Festlandes einschließlich der Flußmündung des Jangtsekiang. Unterbrochen wurden diese Aufgaben durch regelmäßige Aufenthalte in Tsingtau, die der Erholung der Besatzung, aber auch notwendigen Überholungen der Schiffsanlagen dienten.
Am 23. November 1911 wurde der bisherige Kommandant durch den KKpt v. Restloff abgelöst, der schließlich am 29. Mai 1913 – inzwischen war er KptzS – durch den letzten Kommandanten, FKpt v. Müller, ersetzt wurde.
Im Sommer 1914 lag die *Emden* in Tsingtau, der Stellenwechsel stand bevor. Die Besatzungen der Einheiten wurden jeweils zu bestimmten Terminen zur Hälfte ausgetauscht. Als die deutsche Marine seinerzeit aufgebaut wurde, hatte sie noch keine eigene oder eigentliche Führung. Dies sollte sich auf dem Personalsektor insofern nachteilig auswirken, als die Masse der Mannschaften sich aus Wehrpflichtigen zusammensetzte, die in ihrer Dienstzeit der des Heeres angeglichen waren. Natürlich mußte dies besonders nachteilig für die Ausbildung an Bord der Schiffe sein, zumal es sich bei den verschiedenen Anlagen teilweise um recht komplizierte handelte, und die relativ kurze Dienstzeit eines Wehrpflichtigen für die Ausbildung nicht ausreichte. Es gab daher einmal einen nicht unerheblichen Stamm von freiwillig länger Dienenden und Berufssoldaten, zum anderen wurde jeweils nur die eine Besatzungshälfte gewechselt, so daß für die anschließend nachfolgende Grund- und Gefechtsaus-

bildung der notwendige Unterbau vorhanden war und erhalten blieb. In der Heimat war dies Verfahren einfacher, weil sich der Stellenwechsel nicht auf allen Einheiten der Flotte gleichzeitig vollzog, und so waren für den Ernstfall immer einsatzklare Schiffe vorhanden. Hier im Ausland lagen die Dinge etwas anders. Man mußte stets damit rechnen, daß das betroffene Schiff kurzfristig einen Einsatz fahren mußte, und daher war es sehr zum Vorteil, daß nur die Hälfte ausgewechselt wurde, allerdings betraf hier die Ablösung nicht nur die Mannschaften, sondern auch zum Teil die Offiziere und länger dienende Soldaten.
Der Stellenwechsel war am 2. Juni 1914. Die ablösende Besatzungshälfte kam mit dem Hapag-Dampfer *Patricia*, die abgelöste schiffte sich auf ihm ein. Im Anschluß war vorgesehen, daß der Kreuzer als Stationsschiff nach Schanghai gehen sollte. Aber dazu kam es aufgrund der Ermordung des österreichischen Thronfolgers in Sarajewo am 28. Juni 1914 und der sich abzeichnenden Kriegsgefahr nicht mehr.
Emden machte beschleunigt gefechtsklar, alles Überflüssige kam von Bord, die Besatzung wurde um jenes Personal aufgefüllt, das für den vorgesehenen Kaperkrieg als Prisenbesatzung und für andere Aufgaben vorgesehen war. Der einzige wirkliche Stützpunkt des Reiches, der im Ausland einen allerdings recht relativen Wert hatte, war Tsingtau. Aber gerade dieser lag an sehr exponierter Stelle, er würde mit Sicherheit blockiert, wenn nicht sogar angegriffen werden. So blieb den deutschen Schiffen nichts anderes übrig, als in den Weiten des Pazifik zu verschwinden, unterzutauchen, um von dort aus Handelskrieg gegen einen künftigen Gegner zu führen.
Der größte Nachteil war somit das Fehlen von Stützpunkten, mit diesen der Mangel an Werftkapazität, Dockmöglichkeiten, Reparaturmöglichkeiten schlechthin. Es fehlte aber auch der Nachschub aus der Heimat, denn man mußte davon ausgehen, daß die deutschen Heimathäfen gleichfalls blockiert wurden. Folglich konnte eine Versorgung lediglich von jenen Handelsschiffen aus erfolgen, die bei Kriegsausbruch von der Heimat abwesend waren, und die zum großen Teil neutrale Häfen anliefen, um von dort aus die weitere Entwicklung abzuwarten. Natürlich mußte man damit rechnen, daß auch diese Häfen von einem weitverzweigten Agentennetz überwacht wurden, so daß es für diese Schiffe immer ein Risiko war, unbemerkt auszulaufen, um die Kriegsschiffe in versteckten Buchten der zahlreichen Inseln oder in abgelegenen Seegebieten mit lebenswichtigen Gütern, wie Lebensmitteln, vor allem aber Kohle zu versorgen. Mit der Munition sah es noch schlechter aus. Hinzu kam, die Neutralen waren nicht immer so neutral, wie es das Völkerrecht vorschrieb, denn den nicht unmittelbar am Krieg beteiligten Nationen lag auch daran, sich mit dem in ihren Augen Mächtigsten gut zu stellen, und das würde in einem Kriege Großbritannien sein.
So blieb als einzige Verbindung zur Heimat die Funktelegraphie, bei der jedoch auch die Gefahr bestand, daß sie eingepeilt werden konnte. Dieses System war noch nicht zu jener Vollkommenheit entwickelt, die im Zweiten Weltkrieg eine so große Rolle spielen sollte, weiter war es als Führungsinstrument noch völlig unterentwickelt, vor allem, weil der sogenannte Funkbeobachtungsdienst noch in den Kinderschuhen steckte und auch noch keine Möglichkeit bestanden hatte, dieses System zu erproben.
Somit waren die wenigen deutschen Kriegsschiffe dazu verurteilt, entweder im Verband des Kreuzergeschwaders den Durchbruch in die Heimat zu versuchen, oder sie mußten auf sich allein gestellt Handelskrieg führen. Beide Möglichkeiten würden starke Gegnerkräfte binden, die dann dem Gegner beim direkten Kampf gegen die Streitkräfte in der Heimat fehlen würden.
Nachdem die *Emden* nach Kriegsausbruch noch kurz zum Kreuzergeschwader gestoßen war, wurde sie am 13. August 1914 mit Geschwaderbefehl Nr. 151 aus dem Geschwaderverband entlassen und in den Indischen Ozean detachiert, wo sie Kreuzerkrieg führen sollte. In ihrer Begleitung befand sich der deutsche Dampfer *Markomannia*, welcher als Versorger fungierte. (Der Handelskrieg basierte auf den Grundlagen der Pariser Seerechtsdeklaration vom 16. April 1856 und der Londoner Erklärung vom 26. Februar 1909.) Dieser Einsatz sollte sich bis zum Ende des Kreuzers als recht erfolgreich erweisen. *Emden* versenkte bzw. brachte bis zum 9. November 1914 16 Schiffe mit insgesamt 70825 BRT auf. In diesem dreimonatigen Zeitraum legte sie nahezu 30000 sm zurück und übernahm dabei rund 6750 t Kohle. Insgesamt elfmal mußte sie ihren Kohlenvorrat ergänzen. Diese nüchternen Zahlen untermauern die Einsamkeit des Schiffes, das auf sich allein gestellt immer wieder darauf angewiesen war, daß es Brennstoff erhielt, und da der Nachschub immer schwieriger wurde, die Ergänzung überwiegend aus den aufgebrachten Schiffen – bevor sie versenkt wurden – vornehmen mußte.

Mittlerweile hatten sich die Fronten stabilisiert, dem ursprünglichen Dreibund – Deutschland, Österreich-Ungarn, Italien – stand nicht nur Serbien gegenüber, nun waren es Rußland, Frankreich und Großbritannien, hinzu kamen Japan und später Italien, welches sich, aus welchen Gründen auch immer, schon vorher insgeheim auf die Seite des Gegners geschlagen hatte. Entsprechend groß war also auch die Zahl der Kriegsschiffe, die Jagd auf die wenigen deutschen Schiffe machten, und es war nur eine Frage der Zeit, bis auch das letzte deutsche Kriegsschiff in Übersee vernichtet wurde. Nicht nur, daß diese Kleinen Kreuzer als Einzelgänger den meisten sie suchenden gegnerischen Schiffen an Kampfkraft unterlegen waren, diese hatten auch noch den Vorteil, daß sie ihre Einsätze von jedem beliebigen Stützpunkt aus durchführen konnten, denn die waren überall vorhanden, Nachschubschwierigkeiten hatten sie also nicht.
Es sollte auch nicht lange dauern, bis es keine deutschen Kriegsschiffe mehr in den ausländischen Gewässern gab. Die *Königsberg* beendete ihre Fahrt in Deutsch-Ostafrika, wo sie – verkrochen im Rufiji-Delta – ein Opfer der britischen Blockade wurde. Sie wurde am 11. Juli 1914 von britischen Monitoren wrackgeschossen und fiel somit aus. Die *Karlsruhe* auf der westindischen Station war zwar ein moderner Kreuzer, aber sie ging am 4. November 1914 infolge einer inneren Explosion – deren Ursache nie geklärt werden konnte – verloren. Das Kreuzergeschwader endete im Dezember 1914 vor den Falkland-Inseln, die *Dresden* folgte am 9. März 1915.

Am 9. November 1914 ereilte das Schicksal die *Emden*. Zwar war ihr Handelskrieg recht erfolgreich gewesen, aber der Kreuzer führte nebenher auch andere Einsätze durch, die für sich allein zwar ebenfalls erfolgreich waren – ob sie jedoch klug waren, steht auf einem anderen Blatt. So führte der Kreuzer am 22. September 1914 eine Beschießung der Hafenanlagen von Madras durch, wobei die dort befindlichen Öltanks in Brand geschossen wurden. Obgleich der Gegner der Annahme war, dieses sei von der *Königsberg* durchgeführt worden, er war auf jeden Fall alarmiert und konnte weitere Kriegsschiffe in diesem Seeraum konzentrieren.
Am 28. Oktober 1914 folgte dann ein Husarenstück. In den frühen Morgenstunden des 28. näherte sich die *Emden* gegen 0300 Uhr der Hafeneinfahrt von Penang. Das Wetter war regnerisch, die Nacht stockdunkel. Zwar wurde der Kreuzer vom Leuchtturm Puchat-Muka gesehen, aber die Besatzung hielt es nicht für nötig, die Hafenbehörden zu alarmieren, wohl aus dem Grunde, weil man es für unmöglich hielt, daß hier ein Gegner jemals auftauchen könnte. Im Hafen selbst befanden sich mehrere Kriegsschiffe, so der russische Kleine Kreuzer *Žemčug* (Stapellauf August 1903, bei der Nevskiwerft/St. Petersburg gebaut und in Größe und Bewaffnung in etwa der *Emden* entsprechend; auch die technischen Daten glichen in etwa denen des deutschen Kreuzers), der in einem Abstand von etwa 1000 m von der Mole vor Anker lag. Außerdem lag dort das französische Torpedokanonenboot *D'Iberville* etwa 700 m von der Pier entfernt vor Anker (Stapellauf August 1893, 952 ts groß, in der Bewaffnung und Geschwindigkeit dem Deutschen unterlegen). Sie war von insgesamt neun Leichtern umgeben, die längsseits lagen, denn ihre Maschinenanlagen wurden überholt, außerdem waren die Torpedorohre ausgebaut. An der Pier waren nebeneinander die französischen Zerstörer *Fronde* und *Pistolet* festgemacht. Sie gehörten zur *Arquebuse*-Klasse und waren 1902 bzw. 1903 vom Stapel gelaufen. Es waren relativ moderne Boote, mit angemessener Bewaffnung und einer Geschwindigkeit von 28 kn. Beide Boote hatten Feuer aus, d. h., auch wenn sie wollten, sie mußten, um gefechtsfähig zu sein, erst Dampf aufmachen, und das dauerte eine ganze Zeit.
Draußen in See stand die *Mousquet*, ein Schwesterboot dieser beiden Einheiten, und versah Vorpostendienst. Um 0450 Uhr lief von der *Emden* ungesehen, jedoch von *Mousquet* bemerkt – die von dem deutschen Kreuzer jedoch eigenartigerweise nichts wahrnahm – ein kleines Handelsfahrzeug ein und warf zwischen den übrigen im Hafen auf Reede liegenden Fahrzeugen seinen Anker. Um 0515 Uhr erfolgte auf den französischen Einheiten das allgemeine Wecken durch Trompetensignal, die ersten Leute auf der *Pistolet* sichteten die *Emden* aber maßen dem keine weitere Bedeutung zu, da diese zur Tarnung einen blinden 4. Schornstein gesetzt hatte und so einem britischen Kreuzer – in etwa der HMS *Yarmouth* – ähnelte. Hinzu kommt, daß sich die Silhouette des fremden Schiffes gegen die dunklen Landzungen nur schwer abhob. Um 0525 Uhr, während auf den französischen Einheiten zum Frühstück gerufen wurde, erfolgte die Feuereröffnung der *Emden*. Sie schoß sofort aus allen einsetzbaren Rohren auf das nächste Ziel, den russischen Kreuzer. Auf *D'Iberville* und *Fronde* wurde

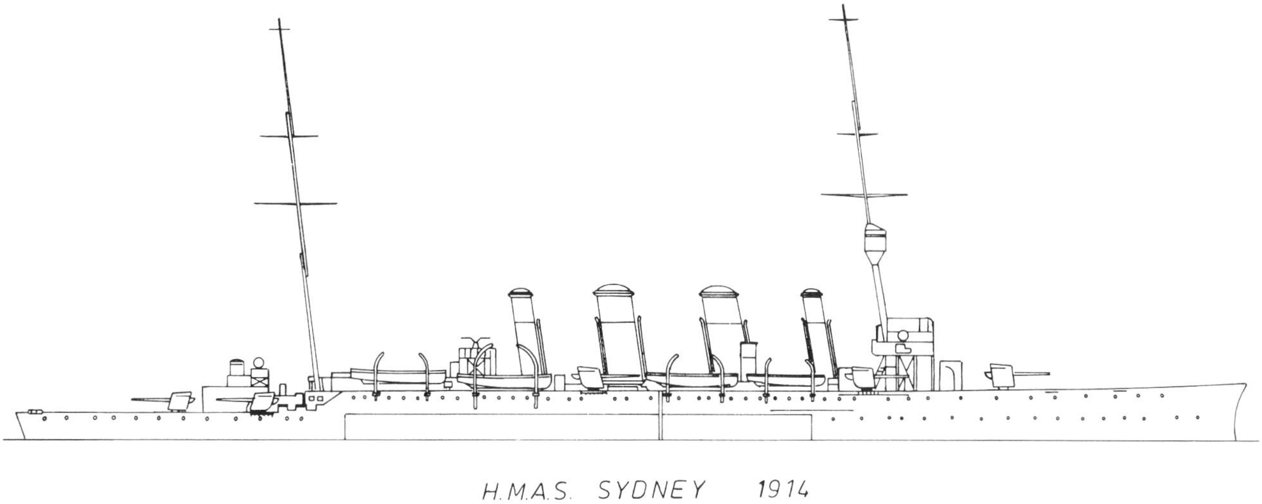

Emden auf der Fahrt durch den Kaiser-Wilhelm-Kanal. Gut erkennbar die Aufstellung der vorderen Hauptbatterie: Auf der Back vor der Brücke jeseits ein 10,5-cm-Geschütz hinter Schilden. Weiterhin hebt sich deutlich die etwas eingezogene Back von der übrigen Bordwand ab, um dem vorderen – hier Bb – 10,5-cm-Geschütz in dem schwalbennestförmigen Ausbau Schußfeld nach vorn zu gewährleisten. Zwischen Fockmast und vorderem Schornstein die »Funkbude«. Vorn unter der Back, schräg über dem Anker, die verkleidete Ausnehmung für das Bb 5,2-cm-Geschütz. Am Heck ist über der Wasserlinie der Schraubenschutz zu sehen. Die Masten besitzen noch keine Krähennester.

Emden im Dock. Gut erkennbar das Bb-Bugwappen sowie schräg hinter dem Anker die Ausnehmung und Klappen des vorderen Bb 5,2-cm-Geschützes. Die Aufnahme entstand kurz vor Kriegsausbruch in Tsingtau.

Emden schräg von Stb vorn gesehen.

Emden vor Anker liegend. Die Beiboote sind ausgeschwungen, eines liegt an der Bb-Seite. In Höhe des Großmastes ist das Seefallreep heruntergelassen.

Als Stationskreuzer war die *Emden* dem Kreuzergeschwader des VAdm Graf Spee, dem sogenannten »Ostasiengeschwader«, zugeteilt und unterstellt. Hier liegt das Geschwader mit einem Teil seiner Einheiten vor Reede, von links gesehen sind es Kleiner Kreuzer *Nürnberg,* Kleiner Kreuzer *Emden,* Großer Kreuzer *Gneisenau,* Kanonenboot *Cormoran,* Kanonenboot *Seeadler.* Alle Schiffe tragen den typischen weißen Tropenanstrich.
Gneisenau und *Nürnberg* gingen bei den Falkland-Inseln verloren. *Cormoran* und *Seeadler* wurden ursprünglich als Kleine Kreuzer – sogenannte »Kreuzer IV. Klasse« – gebaut, sie waren typische Vertreter jener speziellen Schiffe, die für den Dienst in Übersee ausgerüstet waren und führten neben einer Maschinenanlage eine Segelausstattung. Die Bewaffnung war jedoch mit dem Erscheinen moderner Einheiten überholt, auch der Gefechtswert war mit Ausbruch des Ersten Weltkrieges gleich Null. *Seeadler* befand sich 1914 bereits wieder in der Heimat, wo sie ab 6. Mai 1914 zum Kanonenboot umklassifiziert wurde. Im Ersten Weltkrieg fand sie in Wilhelmshaven Verwendung als Minenhulk und ging als solche am 19. 4. 1917 auf der Jade infolge einer inneren Explosion verloren. *Cormoran* wurde bereits am 24. 2. 1913 zum Kanonenboot klassifiziert und befand sich bei Kriegsausbruch in Tsingtau, wo sie abgerüstet wurde (die Geschütze fanden eine andere Verwendung). Am 28. 9. 1914, kurz vor der Eroberung des Hafens, versenkte sie sich selbst durch Sprengung.

△
Das Wrack auf dem Riff vor der North Keeling-Insel. Gut sichtbar die Löcher der einzelnen Einschüsse, die zerstörte Brücke, die umgeschossenen Schornsteine, der fehlende Fockmast. Bei den hinteren Geschützen sind Angehörige der *Sydney* erkennbar, die offenbar bei der Inspizierung sind.

◁ Oben: Vernichtung des russischen Kreuzers *Žemčug.* (Gemälde von Adolf Bock)

Unten: *Emden* im letzten Gefecht. (Gemälde von Adolf Bock)

Das zerstörte Bb-Mittelschiff. Die umherliegenden Trümmer lassen das Ausmaß der Verwüstungen ahnen. ▷

◁ Ein Blick über den Stb-Bug der zerstörten *Emden* auf die Insel, wohin sich eine Reihe von Besatzungsangehörigen trotz gefährlicher Brandung am Riff retteten.

Die Abb. der Seite 37 zeigen: Ankunft des *Emden*-Landungskorps bei den türkischen Verbündeten, eine wahre Odyssee war zu Ende (oben). ▷

Der Führer des Korps, Kptlt. v. Mücke, stand sofort im Mittelpunkt des Interesses und wurde von den Einheimischen gebührend gefeiert (unten).

Die auf Seite 38 befindlichen Bilder zeigen Kptlt. v. Mücke bei der offiziellen Begrüßung und an Bord des Schlachtkreuzers *Goeben*. Bei ihm befinden sich weitere Offiziere des Korps.

Der Gegner, *HMAS Sydney*, eine Aufnahme aus dem Jahre 1913. Gut erkennbar das typisch britische lang durchgezogene Backdeck, welches erst kurz vor dem Großmast abgesetzt wurde auf die Ebene des Hauptdecks. Die Seitenpanzerung, die den Bereich der Maschinen- und Kesselräume bis zur Höhe des Oberdecks schützte, ist aufgrund des Fehlens von Bullaugen klar zu erkennen.
▽

Der Kleine Geschützte Kreuzer Emden 1916 bis 1919

Allgemeines

In der allgemeinen Trauer um den Verlust des Kleinen Kreuzer *Emden* war es nicht verwunderlich, wenn der Kaiser in seinem Antwortschreiben auf die Kondolenz der Patenstadt Emden betonte, daß eine neue und stärkere *Emden* gebaut werden würde. In der Tat waren im Etat des Jahres 1913 eine Reihe von Kreuzerneubauten vorgesehen. Sie waren Ersatzbauten für die mit der Zeit völlig veralteten vorherigen Kleinen Kreuzer der *Gazelle*-Klasse, aber wie das Kriegsgeschehen dann zeigte, erwiesen sich auch modernere Einheiten – *Emden* war ein Beispiel – als nicht so gut wie man es eigentlich erwartet hatte. Die Hauptgründe lagen in der geringen Geschwindigkeit, der schwachen Bewaffnung und auch im fehlenden Schiffsschutz. Erst mit der *Magdeburg*-Klasse entstand sozusagen ein völlig neuer Typ »Kleiner Kreuzer« in der deutschen Marine. Sie war ein neues Glied in der nun schon über ein Jahrzehnt währenden Entwicklungskette der Kleinen Kreuzer, die kurz vor der Jahrhundertwende mit der *Gazelle*-Klasse begann und mit der *Kolberg*-Klasse ihren vorläufigen Abschluß fand, um sich in neuen Konstruktionen fortzusetzen. Dabei steigerte sich die Konstruktionsverdrängung stetig, und zwar von etwa 2650 t auf etwa 4360 t, die Geschwindigkeit wuchs von anfänglich 19,5 kn auf über 25 kn. Letztlich wurde die Dampfkolbenmaschine durch die Turbine abgelöst. Allerdings blieb es bei der Bewaffnung unverständlicherweise beim Einheitskaliber von 10,5 cm, jedoch wurde die Zahl der Geschütze – schon bei der *Kolberg*-Klasse – von 10 auf 12 vermehrt, die Rohrlänge vergrößert auf L/45, wodurch man eine Steigerung der Reichweite erzielte. Im Grunde genommen war es aber Stückwerk.* Das Neue war, man ging dazu über, die Kreuzer mit einem Seitenschutz zu versehen. Hatte man bei den früheren Kreuzern lediglich ein Panzerdeck mit seitlich heruntergezogenen Böschungen und zusätzlichem Korkdamm gegeben, so wurde jetzt ein Seitenpanzer angebaut. Die Form des Schiffskörpers wurde drastisch geändert, somit das Verhältnis Länge zur Breite vergrößert.

Der Kleine Kreuzer *Emden* [II] zählte zu den Kreuzern, die zum Amtsentwurf 1913 gehörten und als Ersatzbauten für die älteren Kleinen Kreuzer der *Gazelle*-Klasse ausersehen waren. Die vorläufige Bezeichnung – dieser später als *Königsberg*-Klasse bezeichneten Gruppe – war Kleiner Kreuzer »Ersatz *Gazelle*«

Schema des Schiffsschutzes der deutschen Kleinen Kreuzer der Kaiserlichen Marine.

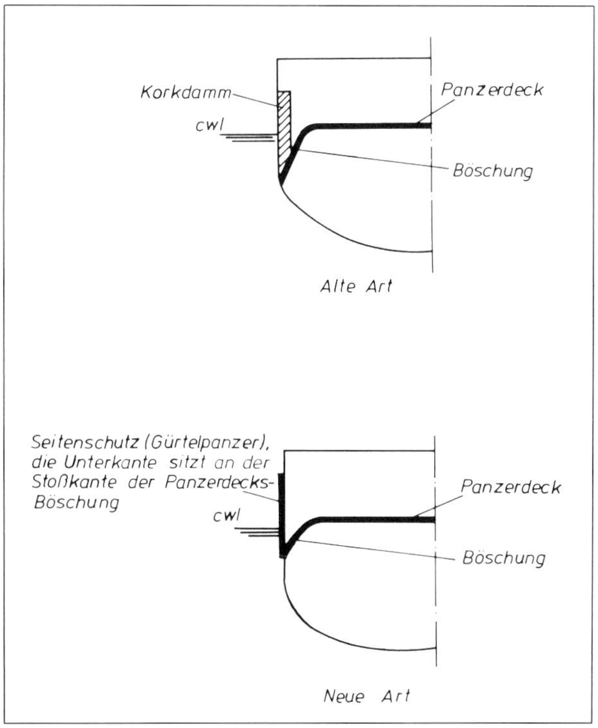

* Erst im Verlauf des Krieges schickte sich auch die deutsche Marine an, die Kreuzerneubauten mit 15-cm-Geschützen auszurüsten. Einige ältere Kleine Kreuzer erhielten ebenfalls dieses größere Kaliber.

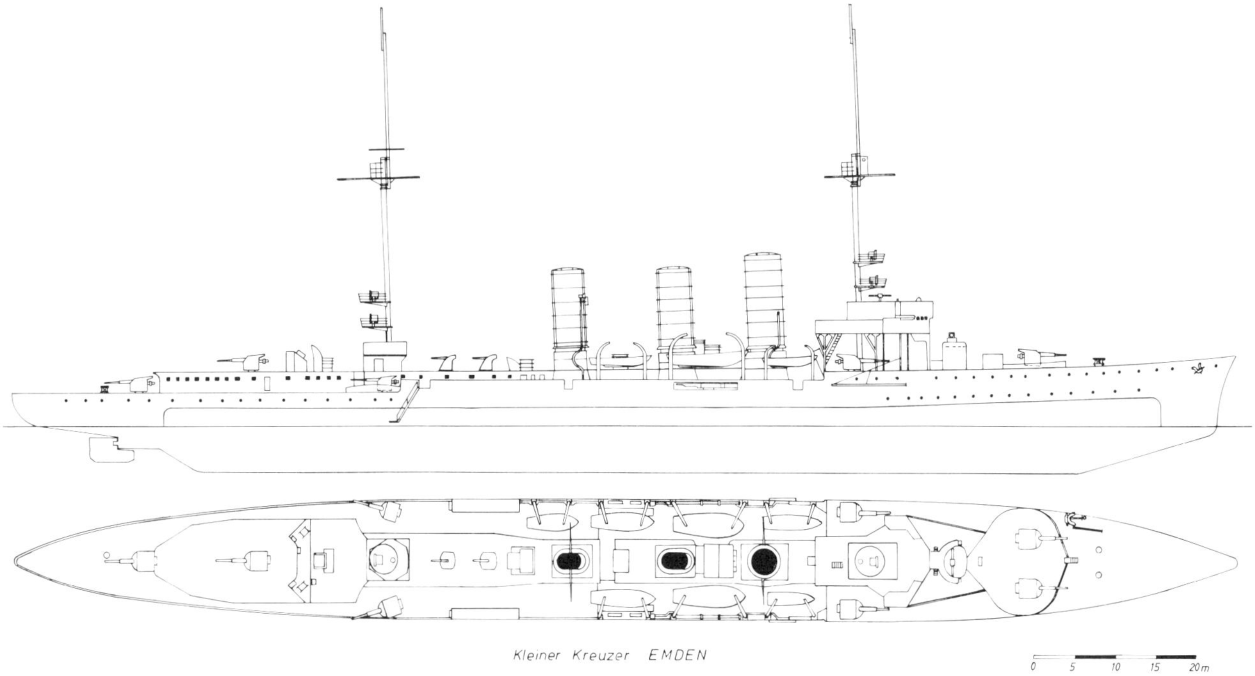

Kleiner Kreuzer EMDEN

»Ersatz *Niobe*«, »Ersatz *Thetis*« und »Ersatz *Nymphe*«. Später, als sie vom Stapel liefen, erhielten sie die Namen jener Kleinen Kreuzer, die im ersten Kriegsjahr verlorengegangen waren, nämlich *Königsberg, Karlsruhe, Nürnberg* und *Emden*.
Die neue *Emden* wurde als »Ersatz *Nymphe*« entworfen und geplant. Der Bau wurde an die Werft A.G. Weser in Bremen vergeben, die den Bauauftrag im August 1914 erhielt. Am 2. Dezember 1914 erfolgte die Kiellegung. Bedingt durch die Kriegsereignisse, verbunden mit gewissen Engpässen in der Materialherstellung und -auslieferung wundert es nicht, daß der Neubau etwas mehr Zeit in Anspruch nahm, als dies in normalen Friedenszeiten der Fall war. Nicht nur der Bedarf an neuen Kriegsschiffen war groß, es mußten nicht nur schmerzliche Verluste ausgeglichen werden, es wurden auch Prioritäten gesetzt, also nicht nur Kreuzer gebaut, sondern es lagen auch Großkampfschiffe, vor allem jedoch kleine Kriegsschiffe, wie Torpedoboote, Minensuchfahrzeuge, insbesondere aber Unterseeboote auf den Hellingen der Werften, und die Zahl der zur Verfügung stehenden Werften, die für den Bau bestimmter Schiffsklassen und -typen in Frage kamen, war auch begrenzt. Hinzu kam, daß auch die anderen Streitkräfte, insbesondere das Heer, einen großen Bedarf an Waffen hatten. Trotzdem ging der Neubau einigermaßen zügig voran, und am 1. Februar 1916 erfolgte der Stapellauf, wegen der Kriegszeit ohne besondere Feierlichkeiten, außerdem unter möglichst umfassender Geheimhaltung.
Das äußere Bild des neuen Kreuzers sah wesentlich anders aus als das seines Namensvorgängers. Der Schiffskörper hatte nicht nur eine schlankere Form, die ganze Linienführung war eleganter. Die Back zog sich bis knapp hinter die Brücke hin und ging in ein schmales Ausbaudeck über, das sich bis weit auf das Hinterschiff erstreckte. Der Bug besaß nicht mehr den charakteristischen Rammsporn, das Heck nicht mehr die schräg nach hinten abfallende Linie, der Vorsteven war etwas geneigt und in sich leicht gebogen, der Hintersteven zum typischen Kreuzerheck ausgebildet.
Wie alle deutschen Kriegsschiffe war der Schiffskörper nach dem bewährten Längsspantensystem gebaut, die Materialien bestanden aus den gleichen, wie auch bei früheren Kreuzern. Es gab insgesamt 19 wasserdichte Querschotte, der Kreuzer hatte XVIII wasserdichte Abteilungen, und unter dem Bereich der Maschinenanlagen saß ein Doppelboden, der etwa 45 Prozent der Gesamtlänge des Schiffes einnahm.
In der Wasserlinie war nun ein Gürtelpanzer angeordnet, das Oberdeck teilweise gepanzert. Insgesamt hatten diese Schiffe eine größere Standkraft als ihre Vor-

Tabelle 6: Einzelheiten des Kleinen Kreuzer *Emden* [II]

Bauangaben

Etatbewilligung	1913
Bauwerft	A.G. Weser, Bremen
Bauauftrag	August 1914
Kiellegung	2. Dezember 1914
Stapellauf	1. Februar 1916
Indienststellung	16. Dezember 1916

Abmessungen

Bruttoregistertonnen	4557 BRT
Nettoregistertonnen	2051 NRT
Konstruktionsverdrängung	5440 t
Einsatzverdrängung, maximal	7125 t
Länge (über alles)	151,4 m
Länge (cwl)	145,8 m
Breite	14,3 m
Einsatztiefgang, maximal	vorne 5,96 m
	hinten 6,32 m
Seitenhöhe	9,08 m
Tiefgangszunahme	15,53 t/cm

Schiffsschutz

Horizontal:	
Panzerdeck 20	20–40 mm
Boden des Kommandoturms	20 mm
Minenraum	20 mm
Vertikal:	
Böschung des Panzerdecks	40–60 mm
Munitionssülle	20 mm
Minenraum	30 mm
Kommandoturm	100 mm
Kollisionsschott	40 mm
15-cm-Geschütze: Schutzschilde	50 mm
Gürtelpanzer:	
Größte Dicke mittschiffs	60 mm
An den Enden	18 mm
Basisgerät:	30 mm

Bewaffnung

8 × 15-cm-SK/L 45 (4 auf der Back, jeweils an Stb und Bb hinter dem Wellenbrecher und jeseits der Brücke,
2 auf dem Achterdeck an Stb und Bb neben dem Großmast,
1 in der Schiffsmittellinie auf dem hinteren Aufbaudeck,
1 in der Schiffsmittellinie auf dem Achterdeck)

Rohrgewicht	5020 kg
Geschoßgewicht	46 kg
Mündungsenergie	1857 mt
V_0	890 m/sek
Feuergeschwindigkeit	7 Schuß/min
Maximale Reichweite	17600 m

2 × 8,8-cm/L 45-Flak in M.P.L.C/13 (beide hintereinander auf dem Aufbaudeck zwischen hinterem Schornstein und Großmast stehend)

Rohrgewicht	1234 kg
Geschoßgewicht	9,5 kg
Mündungsenergie	383,5 mt
V_0	890 m/sek

4 × 50-cm-Torpedorohre (2 unter Wasser, 2 über Wasser), acht Torpedos

Minen (Mitführung von bis zu 200 Minen möglich)

Maschinenanlage

2 Satz Turbinen (die HD-Turbinen besaßen ein Rädergetriebe) in zwei Turbinenräumen.
Konstruktionsleistung
31000 WPS ≙ 27,7 kn bei 350 u/min/Welle
Höchstleistung
50216 WPS ≙ 27,7 kn bei 350 u/min/Welle

12 Marine-Schulz-Wasserrohrkessel (10 mit Kohle befeuert, 20 Feuer und 2 mit Ölfeuerung (diese als Doppelender).
Kohlekessel zu 2 + 4 + 4 in drei Kesselräumen.
Je Kessel eine Ober- und drei Untertrommeln, je 1427 Rohre.
Betriebsdruck 16 atü, Heizfläche 5560 m²

Fahrbereich/Brennstoffverbrauch

Vorrat	maximal	normal
Kohle	1340 t	1100 t
Öl	350 m³	300 m³

1200 sm mit 27 kn
4850 sm mit 12 kn

Hilfsmaschinen/Schiffsbetriebsanlagen

2 TurboGeneratoren und 1 DiGenerator, je 300 kW
1 Ruder

Besatzung

17 Offiziere, 458 Unteroffiziere und Mannschaften (als Flaggschiff zusätzlich 6 Offiziere und 20 Unteroffiziere/Mannschaften).

gänger. Der Panzerstahl war von Krupp gefertigt und hatte unterschiedliche Stärken, zwischen 20 mm bis 40 mm in der Horizontalen und 40 mm bis 60 mm in der Böschung. Das zusätzliche Kollisionsschott vorne war 40 mm dick, die Süll s der Munitionsförderschächte 20 mm, der Kommandoturm war bei 100 mm geblieben, dessen Boden ebenfalls bei 20 mm (diese Stärke hatte sich als ausreichend erwiesen). Der Kommandoturm befand sich von der Brücke getrennt vor dieser und in ihm war eine Feuerleitanlage eingebaut, auf ihm saß ein drehbares »Basisgerät[1]«. Die Seitenpanzerung war mittschiffs 60 mm stark, nahm nach den Enden zu ab auf 18 mm. Die Geschütze erhielten ebenfalls wieder 50-mm-Schutzschilde, eine etwas unverständliche Maßnahme, hatte es sich doch erwiesen, daß sie den Bedienungsmannschaften – insbesondere gegen die Wirkung von Splittern – keinen Schutz gewährten und große Verluste verursachten. Der Mittschiffsgürtelpanzer reichte von 1,2 m über der Konstruktionswasserlinie bis 2,1 m unter diese. Das Schiff besaß drei Schornsteine (schon ab der *Graudenz*-Klasse war man von den vier Schornsteinen der *Magdeburg*- und *Karlsruhe*-Klasse wieder abgegangen).

Die Antriebsanlage bestand aus Turbinen, die ihren Dampf von insgesamt 12 Kesseln erhielten, von denen zwei mit Öl befeuert wurden. Der Vortrieb geschah durch zwei Propeller, die jeweils drei Flügel und einen Durchmesser von 3,5 m hatten.

Der Lebenslauf

Am 15. Dezember 1916 wurde der Kreuzer mit einem Telegramm, das den Stempel »Geheim« trug, zur Indienststellung klar gemeldet. Aber im Kriege war die Bemannung eines Kriegsschiffes nicht übers Knie zu brechen, auch das bedurfte der Planung. Einerseits traten im Verlauf eines Krieges Verluste auf, die materiell wohl ersetzbar waren, personell jedoch nicht, sei es durch Gefallene, in Gefangenschaft geratenes oder durch Verwundung für längere Zeit oder gänzlich ausfallendes Personal. Andererseits herrschte ein enorm gewachsener Personalbedarf, denn es wurden weit mehr Einheiten gebaut, als es in Friedenszeiten jemals der Fall gewesen wäre. Insbesondere galt es, die große Zahl an U-Booten und kleineren Kriegsschiffen zu besetzen und auch die zahllosen Hilfsfahrzeuge.

So stellte der Kleine Kreuzer *Stuttgart* am 15. Dezember 1916 in Wilhelmshaven außer Dienst und dessen Besatzung am folgenden Tag, dem 16. Dezember 1916, die neue *Emden* in Bremen in Dienst. Der erste Kommandant war FKpt Hagedorn, der im August 1917 das Kommando an den FKpt Frhr. von Gagern abgab.

Am 23. Dezember 1916 erfolgte die Übergabe des Schiffes durch die Bauaufsicht des Reichsmarineamtes an das Bordkommando, und am 26. Dezember 1916 verließ der Kreuzer – die endgültige Fertigstellung war noch nicht restlos abgeschlossen – für die erforderlichen Erprobungen die Werft. Noch nicht fertiggestellt waren die Unterkünfte der Besatzung, es fehlten noch die Torpedozielgeräte und andere Einrichtungen für die Handhabung der Torpedos, außerdem auch ein großer Teil der Befehls- und Meldeanlagen. Bei Fertigstellung hatte das Schiff einen größeren Tiefgang als vorgegeben worden war, entsprach jedoch in allen anderen Fällen der Konstruktionsspezifikation. Die erste Probefahrt erfolgte ebenfalls gemäß den Konstruktionsbedingungen. Mit einer Brennstoff- und Speisewasserfüllung von 75 Prozent (der Bunker und Zellen) lief das Schiff bei einer Wassertiefe von 85 m immerhin 27,75 kn, und bei der sechsstündigen forcierten Fahrt erreichte es als Dauerhöchstgeschwindigkeit 26,5 kn.

Das gesamte Erprobungsverhältnis währte bis zum 20. Februar 1917. Es war wegen der Kriegsereignisse verkürzt worden, jedoch nicht erleichtert, alles wurde vielmehr ohne Zeitverzug und ohne viel Pausen durchgeführt. Die ganzen Erprobungen oblagen wieder der Schiffsprüfungskommission, die dann nach Abschluß im März 1917 den Schlußbericht vorlegte. Die Schiffsprüfungskommission setzte sich zusammen aus Marine-Baurat Buttmann, Kptlt Mecklenburg (IO des Kreuzers), Kptlt Findeisen, Marine-Stabsingenieur Klotz (LI der Kreuzers), Marine-Stabsarzt d. R. Dr. Heyn, Dipl.-Ingenieur Föttinger, Marine-Baumeister Hillebrecht, Feuerwerker-Leutnant Becker und dem Kommandanten, Fkpt Hagedorn.

Das Ergebnis der einzelnen Erprobungen, sowie alle Vorplanungen, Absichten und Vorkommnisse wurden in Form von Sofortmeldungen an das Reichsmarineamt abgegeben, so daß der jeweilige Bereitschaftszustand des Kreuzers klar erkennbar war:

[1] Basisgerät: Entfernungsmeßgerät, dessen Meßwerte elektrisch an die Rechenstelle weitergegeben werden, die die Werte an die Geschütze weitergibt.

△
Abrüstung der Flotte, November 1918 in Wilhelmshaven. Die *Emden* bei der Munitionsabgabe, längsseits, mit der Bb-Seite festgemacht, ein weiterer Kreuzer, an dessen Großmast das Wahrzeichen jener Tage, die rote Fahne, weht. Am Bug sichtbar das Eiserne Kreuz.

Die *Emden* in Libau, wahrscheinlich vor Beginn der Oesel-Unternehmung. Gut erkennbar das lang nach hinten durchgezogene Aufbaudeck mit den beiden in der Schiffsmittellinie stehenden 15-cm-Geschützen. In Höhe des achteren Geschützes über der Wasseroberfläche der beiklappbare Schraubenschutz. Der weiße Ring auf dem Achterdeck dient der Fliegererkennung. ▷

△
Emden in Scapa Flow. Im Topp des Fockmastes die gesetzte Flagge des deutschen Befehlshabers, KAdm von Reuter.

1920 wurde die *Emden* als Beute an Frankreich ausgeliefert. ▷ Bei den Franzosen wurde sie für Sprengversuche u. a. m. verwendet. Bei der Aufnahme (links oben) liegt sie – offenbar als Zielschiff – an einer Boje festgemacht, längsseits ein Leichter. Die Geschütze auf der Back fehlen, bei den dunklen Stellen im Bereich der Brücke handelt es sich entweder um Beschädigungen durch Beschuß oder um beginnendes »Gammeln«. Die Bilder (rechts oben und unten) zeigen den Kreuzer in stark heruntergekommenem Zustand im Marinearsenal von Cherbourg. Die Ansicht im Trockendock offenbart einen ziemlichen Bewuchs des Unterwasserschiffes, was auf ein langes Liegen im Wasser hinweist.

◁ *Emden* in Scapa Flow. Diese Bugaufnahme zeigt deutlich das Eiserne Kreuz, welches später von der Besatzung demontiert und durch ein aufgemaltes Kreuz ersetzt wurde.

Der Leichte Kreuzer Emden 1925 bis 1945

Allgemeines

Der diktierte Friedensvertrag von Versailles hatte – was die Marine betraf – die Selbstversenkung der deutschen Flotte in Scapa Flow inspiriert, von den seinerzeit in Deutschland verbliebenen Kriegsschiffen mußten nun die modernsten der verbliebenen auch noch als »Ersatz« nachgeliefert werden.
Mit dem Neuaufbau des Reiches erfolgte auch die Neu-Organisation von Armee und Marine, die aufgrund des beendeten Krieges nicht nur demobilisiert, sondern in Erfüllung des Friedensvertrages auf ein Minimum reduziert werden mußten. In der Marine wurden verschiedene Ämter aufgelöst, andere zusammengelegt. So blieb es zunächst noch bei der Bezeichnung »Admiralität«, die am 16. April 1919 den Auftrag erhielt, eine »Vorläufige Reichsmarine« aufzustellen, eine Maßnahme, die am 30. Juli 1920 durch Gesetz legitimiert wurde. Am 23. März 1921 wurde das »Wehrgesetz« verabschiedet.
Das Kaiserreich war vergangen, Deutschland wurde nun eine Republik, bei der die Macht vom Volke ausging, das von seinen in freier, geheimer und allgemeiner Wahl bestimmten Abgeordneten im neu geschaffenen Parlament – im Reichstag – vertreten wurde. Außerdem gab es ab 1. Januar 1922 eine neue Flagge. (Schwarz-weiß-rot mit Eisernem Kreuz und die Gösch zusätzlich Schwarz-rot-gold).
Der Versailler Vertrag hatte dem Reich so ziemlich alles verboten, seine Bedingungen waren hart. Einer künftigen Marine wurden lediglich 15 000 Mann zugestanden, der Kriegsschiffsbestand war mehr als kümmerlich, es war praktisch »Schwimmendes Material ohne Kampfwert«. So lauteten z. B. die Bedingungen, daß insgesamt sechs Linienschiffe in Dienst gehalten und erst nach einer Dienstzeit von zwanzig Jahren durch Neubauten ersetzt werden durften. Für die Ersatzbauten waren nur 10000 t Verdrängung erlaubt. Die Bewaffnung beschränkte sich auf 28-cm-Geschütze. Was haben die deutschen Konstrukteure später daraus gemacht! Außer diesen »Großkampfschiffen«, deren Konstruktion noch aus der Zeit um die Jahrhundertwende stammte, waren auch sechs Kleine Kreuzer zugestanden worden, deren Größe bei einem Ersatz nach ebenfalls 20 Dienstjahren auf 6000 ts festgelegt wurde, die Bewaffnung auf 15 cm. Auch diese Schiffe stammten aus der gleichen Zeit wie die alten Linienschiffe. Den Abschluß bildeten insgesamt je 12 Zerstörer bzw. Torpedoboote, deren Ersatzbauten nach 15 Dienstjahren in der Größe auf 800 ts bzw. 200 ts begrenzt worden waren.
War es für die junge Republik schon schwierig, ein neues Heer aufzustellen, so war es noch schwieriger, eine neue Marine (Heer und Marine bildeten die Reichswehr; eine Luftwaffe war nicht gestattet) zu unterhalten. Zeitweise wurde die Notwendigkeit einer Marine überhaupt in Frage gestellt, und es war im Grunde genommen nur die Trennung Ostpreußens vom Reich, die es geraten sein ließ, eine Marine zu besitzen, sonst hätte man wohl ganz darauf verzichtet (durch den Friedensvertrag wurden eine Reihe von Gebieten des ehemaligen Kaiserreichs abgetreten. Der größte Aderlaß war im Osten, wo große Teile wie Westpreußen und Posen an Polen fielen – Danzig wurde Freistaat – aber auch im Süden, Westen und Norden ging einiges verloren). So stimmte das Parlament nur mit Mühe einer Modernisierung von vier Linienschiffen, fünf Kleinen Kreuzern und der 24 Torpedoboote zu, von denen jedoch immer nur ein Teil in Dienst gehalten werden konnte. Es kam nämlich noch etwas hinzu: das Personal. Bedingt durch die Revolutionswirren, durch die Demobilisierung nach über vier Jahren Krieg – jeder wollte erst einmal nach Hause – und durch das Abwandern vieler ehemaliger Marineangehöriger in Freikorps oder andere Gruppierungen, kam es zu gewissen Schwierigkeiten, einen neuen Stamm heranzubilden. Es ist das große Verdienst der ersten Chefs der Marineleitung, insbesondere jedoch das des späteren Großadmirals Raeder, daß es ihnen gelang, eine sorgfältige Auswahl zu treffen und somit jenen Stamm zu schaffen, der später den Grundstock der Reichs- und Kriegsmarine bildete.

Die neue Marine

Wie schon erwähnt, verblieb der Reichsmarine nur ein Rest alter Schiffe. Sie waren alt und völlig unmodern, besaßen keinerlei Kampfwert – für die Ausbildung aber und die Heranbildung eines neuen Personalbestandes waren sie immerhin wertvoll. Zu ihnen zählten die Linienschiffe *Braunschweig, Elsaß, Hessen, Preußen* und *Lothringen*. Sie gehörten zur *Braunschweig*-Klasse aus den Jahren 1901/05; die *Schlesien* und *Schleswig-Holstein* sowie *Hannover* zur *Deutschland*-Klasse von 1903/08. Und da war außerdem noch die alte *Zähringen* von der *Wittelsbach*-Klasse aus dem Jahre 1899 (aus ihr wurde ein Fernlenkzielschiff). Die Schiffe wurden von Dampfkolbenmaschinen angetrieben, der Dampf von Wasserrohrkesseln (und teilweise Zylinderkesseln) erzeugt, die Kessel mit Kohle befeuert, einige besaßen seit dem Kriege eine Ölzusatzfeuerung. Die alten »Kämpen« befanden sich nur sporadisch in Dienst, eine Modernisierung war nicht in allen Fällen kostengünstig, aber sie mußten die Zeit bis zur Erstellung von Neubauten überbrücken. So befanden sich z. B. die *Hannover* von 1921 bis 1927, *Braunschweig* von 1922 bis 1926, *Schlesien* von 1927 bis 1934 (später weiterer Umbau) und bis 1945 in Dienst. Die *Schleswig-Holstein* war von 1926 bis 1935 (später weiterer Umbau) und bis 1945 in Dienst, die *Hessen* stand von 1925 bis 1934 und *Elsaß* von 1924 bis 1930 in Dienst. *Preußen* und *Lothringen* blieben in Reserve und wurden als Sprengziel verwendet bzw. abgewrackt.

Bei den Kleinen Kreuzern war es ähnlich. Auch sie fuhren noch mit Dampfkolbenmaschinen und erhielten ihren Dampf aus kohlebefeuerten Wasserrohrkesseln (unterschiedlichster Bauart), die zum Teil sogar ausländischer Herkunft waren. Zu ihnen gehörten *Arcona, Medusa, Thetis, Niobe, Nymphe* und *Amazone* von der *Gazelle*-Klasse aus den Jahren 1897/1904, sowie die *Berlin* und *Hamburg* der *Bremen*-Klasse aus den Jahren 1902/04. Von ihnen waren die wenigsten in Dienst, z. B. *Amazone* von 1923 bis 1930, *Nymphe* von 1924 bis 1929, *Hamburg* nach Umbau 1921/23 von 1922 bis 1927, *Berlin* schließlich von 1920 bis 1929. Sie wurden teilweise erheblich umgebaut, blieben jedoch trotzdem alte Schiffe. Die übrigen Kreuzer dienten überwiegend kurz und dann als stationäre Einheiten, lediglich *Medusa* und *Arcona* kamen im Zweiten Weltkrieg nochmals zur Geltung – als Schwimmende Flakbatterien. Die verbliebenen Torpedoboote waren nur scheinbar moderner, die größeren 12 Boote besaßen immerhin einen Dampfturbinenantrieb, wenngleich dieser auch direkt auf die Wellen wirkte, also kein Getriebe vorhanden war. Die restlichen 12 Boote hatten noch die alten Dampfkolbenmaschinen. Während die größeren Boote außer kohlebefeuerten Kesseln schon jeweils einen Ölkessel zusätzlich führten, fuhren die kleineren nach wie vor nur mit Kohle.

Bei Betrachtung dieses Schiffsbestandes wird klar, daß Deutschland nur noch eine drittklassige, wenn nicht sogar viertklassige Marine besaß – von Seemacht konnte man wahrlich nicht mehr sprechen.

Das neue Schiff

Schon bald nach der Neuaufstellung der (jetzigen) Reichsmarine wurden von den Führungsstellen Überlegungen angestellt, die sich mit dem Ersatz der veralteten Einheiten befaßten. Es gab jedoch gewisse Schwierigkeiten, einmal war es gemäß Versailler Vertrag verboten, Kriegsschiffe auf deutschen Privatwerften bauen zu lassen (die Urzelle deutschen Kriegsschiffsbaues, die Kaiserliche Werft Danzig, war weggefallen, denn Danzig gehörte nicht mehr zum Reich), zum anderen war die ehemalige Kaiserliche Werft Kiel aufgelöst worden. Vom Reich übernommen und teilprivatisiert, führte sie jetzt den Namen Deutsche Werke, und nur ein kleiner Teil davon fungierte weiter als Marinearsenal Kiel. So verblieb die ehemalige Kaiserliche Werft Wilhelmshaven, die allerdings ebenfalls durch den Wegfall der »Erweiterungs- oder Zweigwerke« ebenfalls auf das ursprüngliche Maß der »Stammwerft« reduziert worden war. Außerdem machte sich die beginnende Inflation bemerkbar.

Bereits im Jahre 1920 war die erste Rate für den Neubau eines Kreuzers im Marineetat beantragt worden, die Bewilligung durch das Parlament erfolgte jedoch erst im März 1921. Gleichzeitig begannen die ersten Entwurfsarbeiten. Und hier ergaben sich weitere Schwierigkeiten. Aus Kostengründen war die marineeigene Schiffsversuchsanstalt am 1. September 1920 geschlossen worden, es fehlte also an eigenen erforderlichen Erprobungseinrichtungen, um Neubauten zu konzipieren, die darüber hinaus ja auch eine Menge Geld verschlangen. So griff man schließlich auf Altbewährtes und Vorhandenes zurück, nämlich auf noch von der Kaiserlichen Marine verbliebene Pläne und

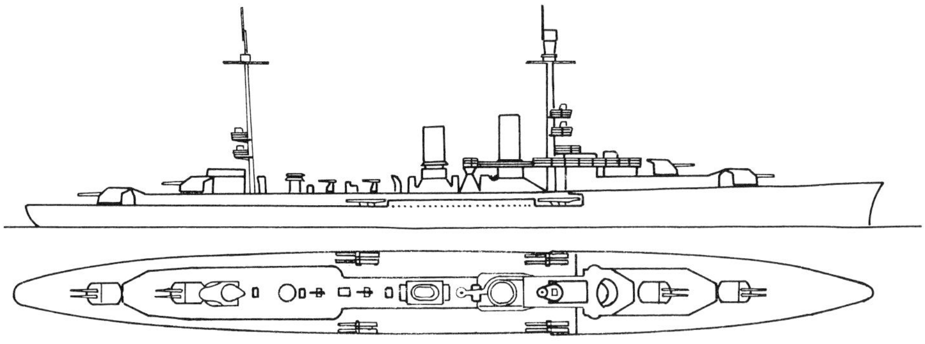

Leichter Kreuzer EMDEN mit geplanter Geschützaufstellung

Konstruktionen, von Kreuzern, deren Fertigstellung das Kriegsende verhinderte.[1]
Der Entwurf basierte auf dem Kleinen Kreuzer »Ersatz *Karlsruhe* (A)« der ehemaligen *Cöln*-Klasse, Amtsentwurf 1914, jetzt Kreuzer *A* »Ersatz *Niobe*«, Amtsentwurf 1920 (aptierter Entwurf »Ersatz *Ariadne*«). Der Bauauftrag wurde an die jetzige Marinewerft Wilhelmshaven vergeben, der vorläufige, später endgültige Auftrag erfolgte am 7. April 1921. Es war das erste große Kriegsschiff, das nach dem Kriegsende 1918 gebaut werden sollte. Der Neubau erhielt die Baunummer 100. Der Entwurf knüpfte zwar an die letzte Entwicklung der Kleinen Kreuzer des Ersten Weltkrieges an, beinhaltete jedoch alle Erfahrungen und Lehren, die man aus dem Kriegsgeschehen gezogen und ausgewertet hatte. Wenn die Form des Schiffskörpers auch in etwa derjenigen der Kaiserlichen Marine glich, gab es doch entscheidende Änderungen[2]. Zwar war der Linienriß nahezu komplett übernommen worden, alles andere jedoch entsprach neuen Vorstellungen. So sollte die Hauptbewaffnung nur noch in der Schiffsmittellinie aufgestellt werden, was dem Einsatz aller Geschütze in der Breitseite zugute kam, die Kessel sollten eine reine Ölfeuerung erhalten. Außerdem war neben einem Panzerdeck auch eine angemessene Seitenpanzerung vorgesehen, und die Antriebsanlage sollte Getriebeturbinen erhalten. Daß es dann noch in einigen Punkten anders kam, lag nicht nur an Einsprüchen, die von seiten der alliierten Kontrollkommission kamen, sondern auch an dem immer wieder neu geführten Kampf um die Bewilligung von notwendigen Geldmitteln, aber auch am Materialmangel, der einmal darin begründet lag, daß das Ruhrgebiet von den Franzosen besetzt war, der Hauptlieferant – insbesondere von Schiffbau- und Panzerstahl aber auch Geschützen – Krupp ausfiel. Zum anderen lagen die Gründe am desolaten Zustand der deutschen Wirtschaft schlechthin, die, bedingt durch die hohen Reparationen, deren Folge die Inflation und steigende Arbeitslosigkeit war, an den Rand des Abgrundes geriet. So verbot die Kontrollkommission den Einbau der vorgesehen vier Schild-Doppellafetten C/28 für die Hauptartillerie aus 15-cm-Geschützen. Also mußte man auf alte Bestände zurückgreifen, und das Schiff erhielt acht Einzellafetten, von denen nun zwei in der Breitseite aufgestellt werden mußten. Anzumerken ist, daß der begrenzte Gefechtswert der Schild-Doppellafetten keine wesentliche Steigerung der Schlagkraft gebracht haben würde. Der gleiche Einspruch betraf die geplante Aufstellung von vier TR-Doppelrohren an Oberdeck.
So blieb es lediglich bei zwei Doppelrohren. Für spätere Zeiten war eine Änderung der Bewaffnung nach den ursprünglichen Plänen vorgesehen, die jedoch nie durchgeführt wurde – als die Gelegenheit dazu gekommen war, befand sich Deutschland bereits wieder im Krieg, der Kreuzer selbst war zu dieser Zeit veraltet und ohne großen Gefechtswert.
Am 8. Dezember 1921 erfolgte die Kiellegung des neuen Schiffes. Der Bau ging nur zögernd voran, es fehlte an allem, insbesondere an Profilstählen, die für die innere Struktur des Schiffskörpers unerläßlich waren.
Nun ist der Bau eines Kriegsschiffes immer ein Kompromiß. Ausgehend von der vorgesehenen Aufgabe werden die Grundzüge der Konstruktion festgelegt,

bei welcher die wichtigsten Merkmale wie Kampfkraft (bestehend aus Schlagkraft plus Standkraft), Geschwindigkeit und Beweglichkeit (gemeint ist der Fahrbereich) von ausschlaggebender Bedeutung sind. Natürlich lassen sich niemals alle Komponenten gleichzeitig oder gleichrangig befriedigen, so muß zugunsten einer starken Bewaffnung und hohen Geschwindigkeit auf eine entsprechend starke Panzerung verzichtet werden, umgekehrt muß bei einer starken Panzerung notgedrungen auf eine hohe Geschwindigkeit verzichtet werden. Bei einem Kreuzer liegen die Dinge ähnlich, allerdings hat bei diesem Kriegsschiffstyp die Panzerung nicht die gleiche Priorität wie bei einem Großkampfschiff. So war also für den Bau des neuen Kreuzers weniger die Panzerungsfrage bestimmend, sondern – abgesehen von den Auflagen der alliierten Kontrollkommission – vielmehr das Problem, »wie kann man es ermöglichen, in ein Schiff, dessen Größe von vornherein mit 6000 t festgelegt ist, all das einzubauen, was nach den neuesten Erkenntnissen erforderlich ist, um es zu einem brauchbaren Kriegsschiff zu machen«. Die Lösung war – vom heutigen Standpunkt aus betrachtet – relativ einfach. Die Schiffe wurden bis dahin nach dem allgemein üblichen Verfahren gebaut, indem die Platten der Außenhaut durch Überlappung oder durch Laschen miteinander durch Nietung verbunden, die Spanten und inneren Ausbauten ebenfalls durch Nietung zu einem festen tragenden System miteinander verbunden wurden. Bei dem Neubau wurde auf dieses Verfahren teilweise verzichtet. Erstmalig wurde ein Schiff dieser Größe in bestimmten Bereichen im elektrischen Schweißverfahren gebaut. Das war ein mutiger Schritt, daß er gelang, zeugt von hervorragendem handwerklichem Können der deutschen Schiffbauer, aber auch von der Risikofreudigkeit der verantwortlichen Stellen, die den Mut hatten, dieses zu wagen – es hätte ja auch fehlschlagen können. Das Schweißverfahren war zwar schon seit längerem bekannt und in Anwendung, aber noch nie in dieser Größenordnung[3]. Aufgrund des Schweißverfahrens war es möglich, die »Vertragsgröße« für den Kreuzer voll auszunutzen, es wurden Gewichtseinsparungen erzielt, außerdem wurde auch auf Leichtmetall zurückgegriffen. Das einzige Problem lag in der mangelnden Zulieferung von Formstählen, z. B. Z-Profile. Man half sich, indem man ungleichschenklige Winkeleisen nahm. Die Kanten des hohen Schenkels wurden mit der Beplattung verbunden. Insgesamt ergab sich dadurch bei den Querschotts z. B. eine Gewichtsersparnis von ca. 20 Prozent. Auf den Gesamtschiffskörper bezogen lag sie zwischen 8–10 Prozent. Das Schiffbaumaterial war überwiegend normaler Schiffsbaustahl, die Panzerungen waren Legierungen aus KC- bzw. KNC-Platten.

Der Schiffskörper wurde nach dem Längsspanten-System gebaut und hatte XVII wasserdichte Abteilungen. Die Spanten hatten einen Abstand von 1350 mm, über 56 Prozent der Gesamtlänge befand sich ein Doppelboden, in dem außerdem die Heizölbunker lagen. In Höhe des Spt. 106 saß ein Kollisionsschott. Dadurch, daß das Schiff eine längere geschlossene Back erhielt, außerdem einen erhöhten Kommandostand und eine höhere Brücke, wurde eine bessere Seetüchtigkeit erzielt. Die BÜ-, Feuerleit-, Leck- und Lenzanlagen, die Lüftungseinrichtungen wurden unter Zugrundelegung der Kriegserfahrungen völlig neu durchdacht und konzipiert. Die Hauptlenzeinrichtung bestand aus einer Ringleitung, die sich durch alle gefechtswichtigen Abteilungen des Schiffes zog. An ihr hingen zwei Leckpumpen mit einer Leistung von 600 m^3/h, zugeschaltet werden konnten die beiden Hauptseekühlwasserpumpen der Turbinenanlage mit je 1200 m^3/h Leistung. Die Hilfslenzanlage besaß vier Lenzpumpen mit je 60 m^3/h und eine Lenzpumpe mit 42 m^3/h Leistung. Auch die Unterbringung der Besatzung hatte sich entscheidend verbessert. Das wurde nicht nur durch die verlängerte Back und Aufbauten erreicht, sondern auch durch den Wegfall der vielen Kohlebunker (die Ölbunker saßen ja überwiegend im Doppelboden). Die Antriebsanlage war wesentlich fortschrittlicher, zwar war man aufgrund der vorgesehenen Verwendung als Auslandskreuzer wegen der Wirtschaftlichkeit noch bei einer teilweisen Kohlenfeuerung geblieben (vier von zehn Kesseln), aber die vorgesehene Verwendung von Turbinen mit Rädergetriebe (anstelle des früheren direkten Antriebs) ergab nicht nur eine günstigere Propellerdrehzahl, die Wirtschaftlichkeit profitierte ebenfalls, weil der Brennstoffverbrauch dadurch absank.

Auch die Unterteilung der Turbinenräume kam dadurch in Wegfall, es gab kein Mittellängsschott mehr. Die Verwendung einer modernen Antriebsanlage ergab einen geringeren Gewichts- und Raumanteil der gesamten Maschinenanlage, dadurch fielen die zugehörigen Rohrleitungen naturgemäß ebenfalls wesentlich kürzer aus. Das brachte – bezogen auf das Ganze – eine Verringerung des notwendigen Schutzes des mittleren Schiffskörpers mit sich und erhebliche Ge-

wichtsersparnisse. Durch den Wegfall der früher gesondert stehenden Kondensatoren und deren Anbau direkt unter die letzte Turbinenstufe ergab sich eine Verkleinerung der Turbinensätze, was wesentlich zur Verkleinerung der Maschinenräume beitrug. Der Seitenpanzer im Wasserliniengang hatte eine Stärke von maximal 50 mm, das Panzerdeck über den Munitionskammern von 20–40 mm. Für die Feuerleitung war erstmals eine zentrale Anlage in einem Röhrenmast vorgesehen, der im oberen Teil zum Feuerleitmars ausgebildet war (Sie wurde jedoch nie installiert). Erst die nachfolgenden Kreuzer der *K*-Klasse erhielten eine solche Anlage).
Die Geburt dieses neuen Kreuzers blieb bis zum Schluß von starken Wehen begleitet. Sie sollten auch nach seiner Fertigstellung nicht aufhören, die Folgen der Inflation und Auswirkungen des verlorenen Krieges, aber auch die sich anschließende, sich langsam abzeichnende Weltwirtschaftskrise machten sich immer mehr bemerkbar. Um zum Beispiel die Jahre 1924 und 1925 zu nehmen, der Marineetat war 104,3 Mio. bzw. 155,1 Mio. RM (und das für rund 50 Einheiten, die es zu unterhalten galt). Davon waren nur 7,4 Prozent bzw. 21,6 Prozent für Neubauten vorgesehen.

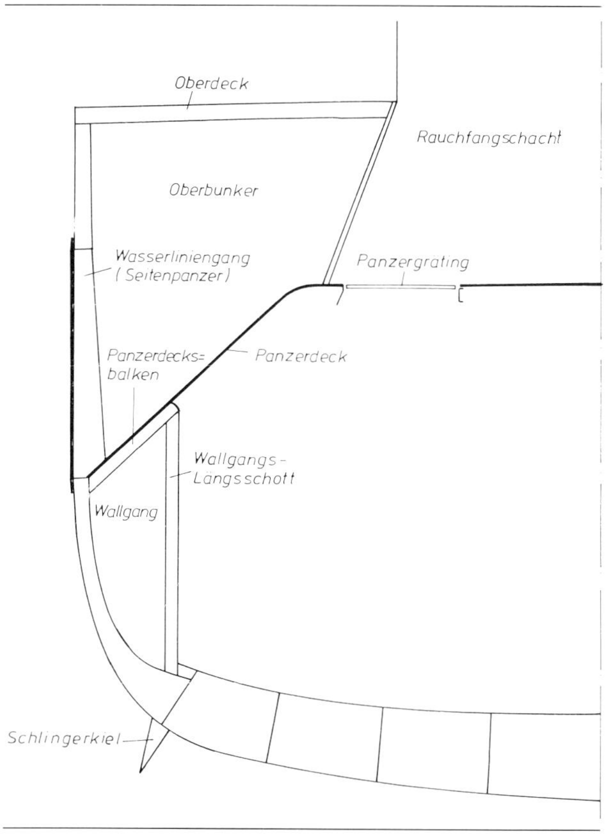

Hauptspant des Leichten Kreuzers *Emden*.

Am 7. Januar 1925 fand der Stapellauf des neuen Kreuzers statt. Sein Name lautete *Emden* Die Namensgebung war lange Zeit nicht klar, und es ist nicht übertrieben, wenn festgestellt wird, daß es das Verdienst des Adm Lorey war, der sich persönlich dafür verwendete, daß der erste deutsche Nachkriegskreuzer diesen Namen erhalten sollte (er war zu dieser Zeit Direktor des Museums für Meereskunde in Berlin). Die Taufrede hielt der Chef der Marineleitung, Adm Zenker, die Taufe selbst nahm die Witwe des letzten Kommandanten der *Emden* [I], FKpt von Müller, vor. Zu den zahlreichen Ehrengästen zählten u. a. Oberpräsident Noske, Regierungspräsident Berghaus, der Oberbürgermeister der Stadt Emden Mützelburg (die Stadt übernahm natürlich wieder die Patenschaft), die Bürgermeister der drei Hansestädte (Hamburg, Bremen, Lübeck), der oldenburgische Ministerpräsident von Finckh, der Präsident des Norddeutschen Lloyd Heineken, Adm a. D. Behncke und die Spitzen der Marinebehörden.
Das Wetter war kalt, es regnete in Strömen. Trotzdem war die Masse der teilnehmenden Bevölkerung unübersehbar. Um 1030 Uhr zog die Ehrenwache unter Musik durch das Werfttor I, die künftige Besatzung war ebenfalls vollzählig angetreten. Um 1050 Uhr bestiegen Frau von Müller, der Chef der Marineleitung, der Oberbürgermeister der Stadt Emden und der Chef der Marinestation Nordsee, KAdm Bauer, die Taufkanzel. Das Zeremoniell begann. Um 1100 Uhr verließ das Schiff – unter dem Glasen[4] der im Werftbekken liegenden *Amazone* – die Helling und rutschte in das feuchte Element. Anzumerken ist, das Schiff glitt erstmals auf einem – sonst unüblichen – schmalen Kielschlitten ins Wasser. Trotzdem klappte der Stapellauf vorzüglich, die Leitung lag in den Händen des Baurats Burkhardt (der später einen hervorragenden Namen und Platz unter den deutschen Kriegsschiffkontrukteuren einnehmen sollte).
Am 15. Oktober 1925 stellte die *Emden* unter dem Kommando des KptzS Foerster in Dienst. Aus Anlaß dieser Feierlichkeit wurde dem Schiff eine Nachbildung der Glocke des berühmten Vorgängers überreicht, gestiftet von dem Marineverein »Prinz Adal-

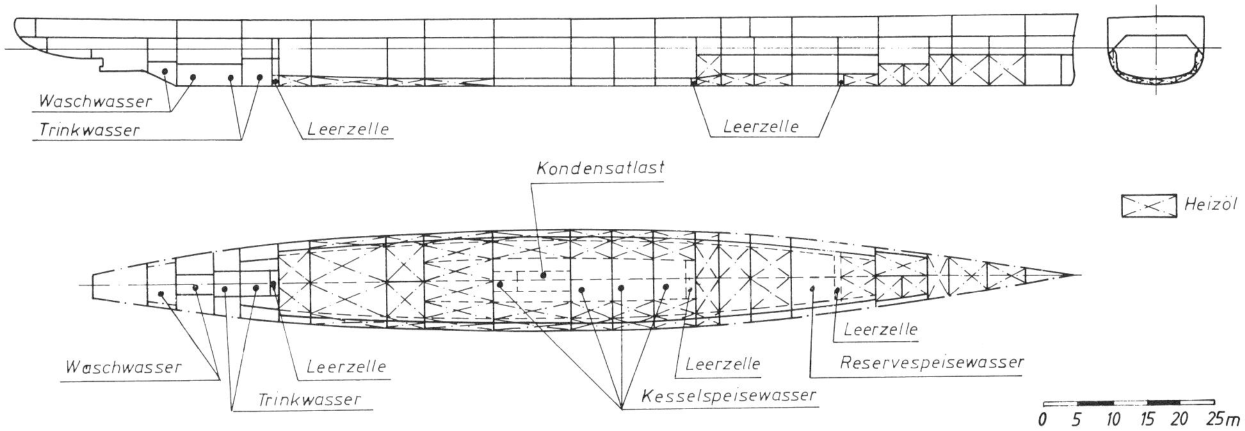

Anordnung der Heizölbunker auf dem Leichten Kreuzer EMDEN

Tabelle 7: Einzelheiten des Leichten Kreuzer *Emden*

Bauangaben	
Etatbewilligung	1921
Bauwerft	Marinewerft Wilhelmshaven
Bau-Nr.	100
Bauauftrag	7. April 1921
Kiellegung	8. Dezember 1921
Stapellauf	7. Januar 1925
Indienststellung	15. Oktober 1925
Abmessungen	
Bruttoregistertonnen	4844 BRT
Nettoregistertonnen	2464 NRT
Standardverdrängung[1]	5600 t
Konstruktionsverdrängung	6056 ts
Einsatzverdrängung, maximal	6990 ts
Länge (cwl)	150,5 m
Länge (über alles)	155,1 m
Breite	14,3 m
Konstruktionstiefgang	5,15 m
Einsatztiefgang, maximal	5,93 m
Tiefgang, bezogen auf Standardverdrängung	5,38 m
Seitenhöhe	8,96 m
Tiefgangszunahme	17,3 t/cm
Verhältnis Länge/Breite	10,6
Verhältnis Breite/Tiefgang	2,68
Bewaffnung	
8 × 15-cm-SK/L 45 in Einzellafetten (vorgesehene 15-cm-SK/L 55 in vier Doppellafetten wurde nicht genehmigt)	
Munitionsvorrat	960 Schuß
Reichweite, maximal	17 600 m
Rohrerhöhung, maximal	40°
Rohrabsenkung, maximal	– 10°
2 (später 3) × 8,8-cm/L 45-Flak/C 32 in Einzellafetten	
Munitionsvorrat	1200 Schuß[2]
4 × 50-cm-TR in Doppelsätzen (vorgesehen waren 8 × 53,3 cm, die jedoch nicht genehmigt wurden)	
Torpedovorrat ab 1934	12 Torpedos
ab 1938/43 zusätzlich 4 × 3,7-cm-Flak/C 30 in Einzellafetten und bis zu 11 × 20-mm-Flak in zwei Vierlings- und drei Einzellafetten, außerdem zeitweise auch 4 × 20-mm-MG/C 30 in Einzellafetten.	
Anmerkung: Bis zu 120 Minen konnten mitgeführt werden. 1942 wurden die Schutzschilde der 15-cm-Geschütze durch solche der »TK-15 Zerstörerform« ersetzt.	
Schiffsschutz	
Panzerdeck, horizontal	20 mm
Panzerdecksböschung	20–40 mm
Kollisionsschott	40 mm
Sülle der Munitionsförderschächte	20 mm
Kommandoturm, horizontal	20 mm
Kommandoturm, vertikal	50 mm
Schacht des Kommandoturms	100 mm
Schutzschilde der Artillerie	20 mm
Seitenpanzer, mittschiffs	50 mm
	(nach vorn und hinten abnehmend)

Maschinenanlage
4 Marine-Schulz-Wasserrohrkessel mit Kohlenfeuerung

Betriebsdruck	16 atü
Heizfläche	1629 m²

(ab 1934 wurden sie durch 4 Marine-Schulz-Wasserrohrkessel mit Ölfeuerung ersetzt, deren Heizfläche 1800 m² betrug)

6 Marine-Schulz-Wasserrohrkessel mit Ölfeuerung (Einender)

Betriebsdruck	16 atü
Heizfläche	3009 m²

Die Kessel befanden sich in vier Kesselräumen.

2 Satz Marine-Einheitsturbinen (Hersteller BBC, Mannheim) mit Rädergetriebe, jeder Satz war auf eine Welle geschaltet. Auf jeder Welle saß ein dreiflügeliger Propeller mit einem Durchmesser von 3,75 m.

Die Turbinen standen in 2 Turbinenräumen

Hochdruck-Turb	= 2435 u/min
Niederdruck-Turb	= 1568 u/min
Wellendrehzahl	= 295 u/min

Hilfsmaschinen/Schiffsbetriebseinrichtungen
3 Dieselgeneratoren mit je 420 kW
1 Ruder
6 Beiboote (später 5 Beiboote und 2 Motorboote)

Brennstoffvorrat/Fahrbereich/Leistungen

Kohle	875 t
Heizöl	300 m³ (normal), maximal 859 m³
nach Umrüstung auf reine Ölkessel	1266 m³ Heizöl

Fahrbereich 5290 sm bei 18 kn
Fahrbereich 6750 sm bei 14 kn
nach Umrüstung auf reine Ölkessel 5300 sm bei 18 kn

Die Konstruktionsleistung lag mit 45900 WPS bei 295 u/min/Welle ≙ 29 kn, die Höchstleistung bei 46500 WPS ≙ 29,4 kn.

Das Leistungsgewicht der Maschinenanlage war 28,1 kg/PSh.

Bezogen auf die Konstruktionsverdrängung lag das M I-Gewicht bei 1290 t, das M II-Gewicht bei 248 t[3].

Besatzung
Zuerst 19 Offiziere, 464 Unteroffiziere und Mannschaften, später 29 Offiziere, 445 Unteroffiziere und Mannschaften, zusätzlich 162 Kadetten.

[1] In die Bauzeit der *Emden* fiel die sogenannte »Washingtoner Abrüstungskonferenz«, die sich ausschließlich und allein mit der Rüstungsbeschränkung auf dem Gebiet des Flottenbaues – insbesondere der Großkampfschiffe und Kreuzer – befaßte. Teilnehmer an dieser Konferenz waren die Großmächte – also die Sieger des Ersten Weltkrieges, USA, Großbritannien, Frankreich, Japan und Italien. Deutschland war natürlich nicht dabei.
Zu den Abmachungen dieser Konferenz gehörte nicht nur, in welcher Zahl und Größe künftig Großkampfschiffe gebaut werden durften und welches Land wieviele davon bauen durfte, es erfolgte auch eine genaue Festlegung und Definition der Verdrängungsangaben. Man einigte sich nun auf einen festen Begriff, nämlich unter Zugrundelegung der engl. Tonne ≙ 1016 kg. Es kristallisierte sich der Begriff »Standardverdrängung« oder auch »Typverdrängung« heraus, später allgemein als »Washingtontonnen« bezeichnet. Wen wundert es, wenn sich auch die deutschen Konstrukteure – wenn auch nicht zu den Teilnehmern der Konferenz, geschweige zu den Unterzeichnern gehörend – diese Festlegung zu eigen machten, denn in der deutschen Marine wurde bis dahin stets nach der metrischen Tonne (1 t = 1000 kg) gerechnet. Und man sprach stets von der »Konstruktionsverdrängung«. Das Washingtoner Abkommen erbrachte nun eine neue Berechnungsgrundlage. Früher war es das Gewicht des Schiffes mit Zuladung von Brennstoff, Schmieröl und Speisewasser. Jetzt wurde dieses abgezogen, dadurch vermindert sich die »Standardverdrängung« um etwa 12 Prozent (für deutsche Schiffe), man hatte also einen gewissen Spielraum, und der wurde natürlich schon bei der *Emden* voll ausgenutzt. Unter dem Strich war die *Emden* nach dieser Berechnung wesentlich kleiner als 6000 t geworden. (Für Kreuzer war in Washington als Größe 10000 ts festgelegt worden.)
Konstruktionsverdrängung: Verdrängung des Schiffes bei der dem Entwurf zugrunde liegenden Eintauchung bei Konstruktionstiefgang (Wasserlinienfläche der Konstruktionswasserlinie). Das Schiffsgewicht setzt sich zusammen aus der Panzerung, Bewaffnung und Maschinenanlage (alle festeingebauten Teile), der gesamten Ausrüstung, der gemäß Konstruktion vorgesehenen Munition, etwa einem Drittel bis zwei Fünftel des Brennstoff- und Wasserbestandes, einschließlich der in den Kesseln und Rohrleitungen befindlichen Flüssigkeiten – und dem Schiffskörper. (Das war die bisherige deutsche Definition.)
Typverdrängung = Standardverdrängung: Gewicht des seefertig ausgerüsteten Schiffes mit der gesamten Munition und Ausrüstung, betriebsklaren Maschinenanlagen, Wasser in den Kesseln und Rohrleitungen, Wasser für die Besatzung – jedoch ohne Brennstoff- und Speisevorrat.

[2] Gemäß Aussagen ehemaliger Besatzungsangehöriger, die jedoch amtlich nicht bestätigt sind, erhielt die *Emden* im Jahre 1944 anstelle der 3 × 8,8-cm-Flak 2 × 10,5-cm-Flak.

[3] M I-Gewicht = Gewicht der Schiffsantriebsanlage und Stromerzeugungsanlage mit allen Hilfseinrichtungen, Rohrleitung und Kabeln.
M II-Gewicht = Gewicht der für den Schiffsbetrieb erforderlichen technischen Einrichtungen wie Hilfskessel, Rudermaschinenanlage, Ankerspills, Boots- und Flugzeugeinsetz- und -aussetzvorrichtungen, B. u. M.-Anlagen.

bert«. Diese ging später entzwei (sie zersprang), wurde jedoch durch eine neue ersetzt. Da sie aus Bronze gegossen war, wurde sie im Jahre 1942 eingeschmolzen und durch eine eiserne ersetzt. Diese hängt heute im Senatssaal des Marineunterstützungskommandos in Wilhelmshaven. Dort befindet sich auch eine von der australischen Regierung gestiftete Gedenktafel mit den Namen der Gefallenen des ersten Kreuzers.

Nach der Indienststellung erfolgte das übliche Abnahmeprogramm, sowohl von seiten der Werft als auch im Rahmen des Schiffserprobungskommandos. Die erste Probefahrt erfolgte Ende November 1925 und führte in die Nordsee, weitere Erprobungen fanden dann in der Ostsee (mit Standort Kiel) und in der östlichen Ostsee (Standort Pillau) statt. Der Kreuzer erzielte dabei unter anderem eine Höchstleistung von 45 900 WPS, mit denen er eine Geschwindigkeit von 29,1 kn (einmal sogar 29,4 kn) erzielte. Bereits Ende Januar 1926 nahm der Kreuzer als Flaggschiff des BSN (Befehlshaber der Nordseestreitkräfte) an einem Manöver teil, ansonsten waren die folgenden Monate der intensiven Ausbildung der Besatzung und weiteren Erprobungen gewidmet. Am 19. und 20. September 1926 erfolgte der erste offizielle Besuch der Patenstadt Emden. Hierbei überreichte der Kommandant der Stadt eine Ehrentafel mit den Namen der Gefallenen des ersten Kreuzers *Emden*.

Inzwischen war entschieden worden, daß der Kreuzer seiner eigentlichen Aufgabe, nämlich als Schul- und Auslandskreuzer zu fahren, nachkommen sollte. Die erste Auslandsreise warf ihre Schatten voraus.

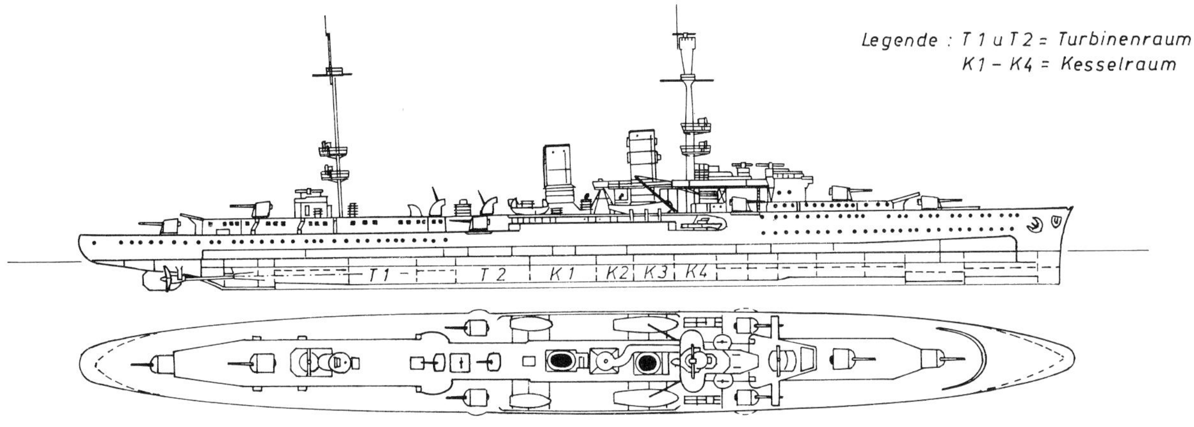

Leichter Kreuzer EMDEN 1926

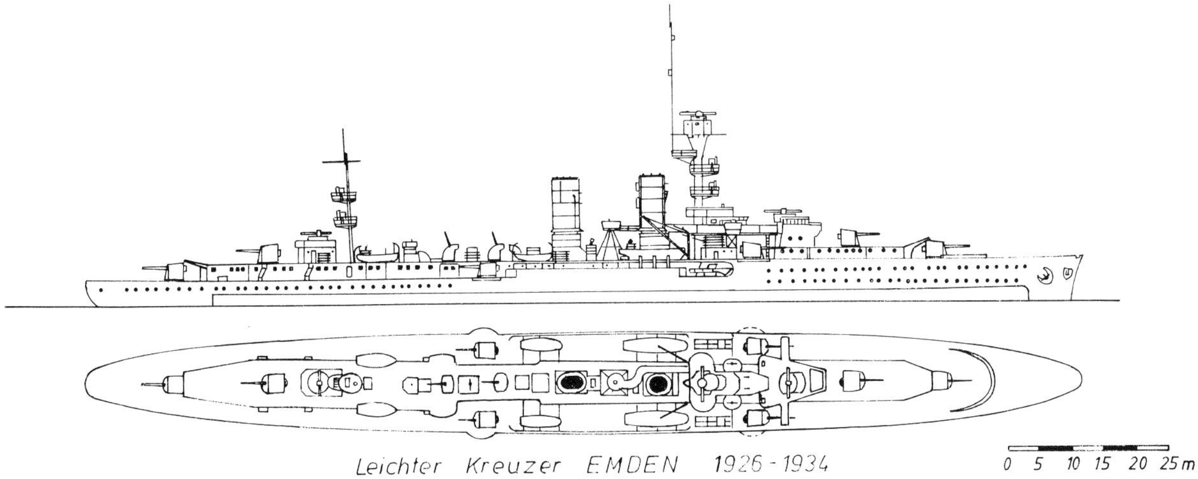

Leichter Kreuzer EMDEN 1926 - 1934

Die Auslandsreisen

Die Auslandsreisen sind auch zugleich der Lebenslauf des Kreuzers, denn mit Ausbruch des Zweiten Weltkrieges führte das Schiff nur noch ein Schattendasein. Zu diesem Zeitpunkt war die *Emden* – wie man so sagt »abgefahren« – ohne Zweifel nichts mehr wert, die Kampfkraft gleich Null, ein Einsatz in größerem Rahmen ein Risiko, so blieb es bei einigen anfänglichen Einsätzen – und weil man jedes Schiff brauchte – z. B. bei der Beteiligung an der Besetzung Norwegens. Danach kehrte sie zur Ausbildung für den Nachwuchs zurück, bis sie ihr Schicksal ereilte, unrühmlich und endgültig.

Aber wenden wir uns wieder ihrem eigentlichen Verwendungszweck zu. Der Kreuzer wurde von Beginn an als Schulkreuzer konzipiert – es bestand auch wenig Gefahr für den Ausbruch eines neuen Krieges.

Noch während der Kreuzer zu seinem ersten Besuch in der Patenstadt Emden weilte, liefen die ersten Vorbereitungen für eine geplante – die erste – Auslandsreise. Das Auslaufen erfolgte am 14. November 1926, an Bord befanden sich zusätzlich 102 Kadetten. Die Reise führte über Spanien, die Kanarischen Inseln, die Insel St. Helena (dort wo Napoleon in der Verbannung gestorben und zuerst begraben wurde), über Kapstadt nach Sansibar und Mombassa, dann in den Indischen Ozean. Nach Abstechern in Saban und Padang wurden die Cocos-Inseln angelaufen, wo in der Nähe des immer noch dort liegenden Wracks der ersten *Emden* eine Trauerfeier abgehalten wurde. Die Fahrt ging weiter nach Java, Celebes, über Japan und die Aleuten nach Alaska. Natürlich wurden während dieser Reise eine ganze Reihe Häfen angelaufen, so auch Seattle an der Westküste Nordamerikas. Weitere Visiten erfolgten in Mexiko, Ecuador, Peru und Chile. Dabei kam es auch zu einer kurzen Gedenkstunde bei Coronel. Nach Besuch der Magellan-Straße wurde Kap Horn umrundet und bei den Falkland-Inseln wiederum eine Gedenkfeier abgehalten. Es folgten Abstecher nach Argentinien, Brasilien, Haiti und den Azoren. Am 14. März 1928 kehrte der Kreuzer mit wehendem, 100 m langem Heimatwimpel nach Wilhelmshaven zurück.

Die Reise war insgesamt gesehen recht erfolgreich gewesen, hatte sich doch hierbei die Gelegenheit ergeben, alte Beziehungen wieder zu erneuern, neue zu knüpfen, die deutsche Flagge wieder zu zeigen, um Vertrauen zu werben. Zwar hatte es schon vorher wieder Auslandsreisen gegeben, außer der *Emden* befanden sich auch andere Schiffe in dieser Verwendung, z. B. der alte Kleine Kreuzer *Berlin*. Aber die *Emden* war ein neues Schiff, und gerade im Ausland beurteilt man eine Nation stets nach dem Äußeren, insbesondere in jenen Staaten, die heute schlechthin als Entwicklungsländer oder »Dritte Welt« bezeichnet werden. Mit der Rückkehr von dieser ersten Auslandsreise endete praktisch auch das Kommando des ersten Kommandanten, KptzS Foerster (ihm werden wir nochmals begegnen). Nach Deutschland zurückgekehrt, gab es in der Heimat kein langes Verweilen, nach einer – wie üblich nach langer Reise – ausgiebigen Werftliegezeit, die der Kreuzer etwas verändert beendete, hieß es schon für die folgende Auslandsreise auszurüsten.

Die zweite Reise begann am 5. Dezember 1928 und endete am 13. Dezember 1929. Sie führte über Spanien, wo Cartagena angelaufen wurde; Italien, wo Neapel ein Besuch abgestattet wurde, und Griechenland durch den Suez-Kanal, über Aden und Mombassa nach Niederländisch-Indien. Weiter ging es nach Australien, Neuseeland, den Fidschi-Inseln, Samoa und Honolulu auf Hawaii. Von dort führte der Kurs nach San Diego in den USA, weiter nach Mittelamerika, durch den Panama-Kanal, um dann in die Heimat zurückzukehren. Die dritte Reise folgte gleich auf dem Fuß. An sich für die *Karlsruhe* vorgesehen, mußte jedoch die *Emden* einspringen, denn der neue Kreuzer war noch nicht ganz einsatzklar. So lief die *Emden* am 13. Januar 1930 zur bereits dritten Auslandsreise aus, die sie diesmal nach Westindien und an die Ostküste der USA führte. Dabei wurden unter anderem Madeira, New Orleans und Jamaika angelaufen. Am 13. Mai 1930 wurde Wilhelmshaven wieder erreicht. Nun ging der Kreuzer in eine wohlverdiente Werftüberholung. Danach trat *Emden* vorübergehend zur Flotte. Am 11. Oktober 1930 übernahm FKpt Witthoeft-Emden das Kommando über den Kreuzer. Er war ein alter *Emden*-Fahrer, hatte als Torpedooffizier auf der ersten *Emden* Dienst getan und gehörte zu den Überlebenden des ehemaligen Kleinen Kreuzers. Mit seiner Kommandoübernahme wurde der Kreuzer wieder der B.I. (Bildungsinspektion der Marine) unterstellt. Die nächste Auslandsreise ließ aber nicht lange auf sich warten. Schon am 1. Dezember 1930 machte der Kreuzer die Leinen los und nahm Kurs auf Indien, wobei auch Ostasien und Afrika besucht wurden. Die Reise führte durch das Mittelmeer, den Suez-Kanal und zunächst nach Ceylon. Von dort ging es weiter nach Siam (heute Thailand), die Philippinen und über China nach Japan. Nach einem Abstecher in Guam und Batavia wurden wiederum die Cocos-Inseln angelaufen; dort wurde eine Gedenkfeier abgehalten. Die Reise setzte sich fort über Durban und rund um das Kap der Guten Hoffnung. Dann wurden Angola und Freetown besucht. Die Kanarischen Inseln und Santander in Spanien bildeten den Abschluß. Am 2. Dezember 1931 war *Emden* wieder zuhause.

Ab 1. Januar 1932 wurde der Kreuzer aus der Bildungsinspektion entlassen und der Flotte unterstellt. Unter dem neuen Kommandanten, FKpt Graßmann, nahm sie an mehreren Manövern teil, außerdem machte sie zahlreiche »Bäderreisen« (Anlaufen verschiedener Ostseehäfen, einschließlich Dänemark, sogenannte Besuchsfahrten oder auch Goodwill-Reisen). Am 5. Februar 1933 ward der *Emden* eine Ehre besonderer Art erwiesen. Besatzungsangehörige des ehemaligen britischen Kreuzers *Sydney* (jener Kreuzer, der die erste *Emden* besiegte) hatten gesammelt, von diesem Geld einen Lorbeerkranz anfertigen lassen und diesen im vereisten Zustand mit dem Frachter *Magdeburg* nach Deutschland geschickt, wo er von der australischen Botschaft weitergeleitet wurde. Diese vornehme Geste geschah als Ausdruck des tapferen Kampfes des einstigen Gegners, aber wohl auch, weil das Bild des Deutschen – wie es die Propaganda vor dem Kriege, im Kriege und auch danach immer wieder zeichnete – wohl doch nicht dem entsprach, wie man es sich vorstellte. Die zweite Auslandsreise des Kreuzers, die ja auch nach Australien und Neuseeland geführt hatte, war wohl der große Durchbruch gewesen, um den Deutschen schlechthin auch einmal von der anderen Seite zu betrachten. Der Kranz fand in der Garnisonskirche Wilhelmshaven einen würdigen Platz.

Im gleichen Monat, am 20. Februar 1933 verließ *Emden* Wilhelmshaven – gemeinsam mit dem neuen Leichten Kreuzer *Leipzig* – und verlegte in den Atlantik, wo ein gemeinsames Scharfschießen stattfinden sollte: Gefechtsschießen/Atlantikerprobung. Diese Reise sollte zugleich die letzte vor dem geplanten großen Umbau sein. Im Zuge dieses Umbaues sollten die noch immer vorhandenen kohlebefeuerten Kessel durch Ölkessel ersetzt werden. So wurde auf dieser Fahrt mit einer gewissen Freude und Genugtuung die letzte Kohle verfeuert, nach alter Marinetradition warf dabei der LI (Leitender Ingenieur) symbolisch die letzte Schaufel Kohle auf die Roste. Natürlich wurde hierbei auch durch lebhaftes »Schwarzqualmen« auf das Ereignis hingewiesen (im Maschinenleitstand hatten Spaßvögel aus diesem Anlaß einen kleinen gebastelten Sarg mit Kerzenlicht aufgestellt). Das Schießen stand unter der Leitung des Artillerieversuchskommandos und fand westlich der afrikanischen Küste statt. Natürlich wurden dabei auch Ruhepausen eingelegt und z. B. Madeira angelaufen. Nach Abschluß der Erprobungen kehrten die Kreuzer nach Deutschland zurück.

Am 1. April 1933 stellte die *Emden* außer Dienst, der große Umbau konnte seinen Anfang nehmen. Die Besatzung stieg aus, sie bildete den Stamm für das neue Panzerschiff *Deutschland,* dessen Indienststellung ebenfalls am 1. 4. 1933 in Wilhelmshaven erfolgte. Zuvor jedoch kam es am 18. März 1933 noch zu einer eindruckvollen Feierstunde. Über die australische Botschaft wurde der deutschen Marine eines der Namensschilder des ersten Kreuzers *Emden* zurückgegeben, das nun im Zuge einer Besatzungsmusterung und in Anwesenheit einiger überlebender *Emden*-Fahrer an den Kreuzer übergeben wurde[5]. Man mag eine solche Geste und Feier heute vielleicht skeptisch oder gar als kitschig betrachten, Veranstaltungen dieser Art tragen sehr wohl zur Traditionspflege bei und tun das ihre, um die Verbindung zwischen dem Vergangenen und Neuem herzustellen.

Am 29. September 1934 stellte *Emden* wieder in Dienst. Mit ihrer Außerdienststellung am 1. April 1933 hatte eine große Werftliegezeit in der Marinewerft Wilhelmshaven begonnen, die zugleich auch dafür genutzt wurde, den Kreuzer teilweise umzubauen. Die wichtigste Änderung war zweifellos die Umrüstung der Maschinenanlage, die bis dahin noch vorhandenen vier kohlebefeuerten Kessel wurden durch ölbefeuerte Kessel ersetzt, die in ihrer Bauart, Wirkungsweise und Leistung den schon an Bord befindlichen entsprachen. Zwar änderte sich dadurch die Antriebsleistung des Kreuzers nicht, aber die Umrüstung kam anderen Bereichen des Schiffes zugute. Durch den Wegfall der Kohlebunker wurde Raum frei für andere Zwecke, z. B. Wohnraum, Lasten, Hellegats, Aufenthaltsräume für die Besatzung oder Kadetten. Des weiteren ergab sich durch den Wegfall der Kohle, daß nicht mehr soviel Maschinenpersonal benötigt wurde, es gab keine »Kohletrimmer« mehr. Die Heizölverwendung war leichter, die Förderung zu den Brennern besorgten Pumpen, der Brennstoff floß

durch Rohrleitungen, es gab keinen Schmutz mehr, er wurde durch Düsen direkt in den Verbrennungsraum der Kessel gedrückt und zerstäubt. Durch den Fortfall dieses Maschinenpersonals waren es jetzt nur noch 442 Mann Besatzung, anstelle der vorherigen 483.
Äußerlich hatte sich der Kreuzer ebenfalls leicht verändert. Die beiden Schornsteine waren um je 2 m verkürzt worden und hatten eine leicht angeschrägte Vorkante (kaum sichtbar). Der ehemalige Großmast war jetzt ein Stummel, sozusagen nur noch der Träger für die Scheinwerferplattformen, die Stenge am Gefechtsmast wies noch eine Länge von 8 m auf. An der Stb-Seite des Großmastes war ein Ladegeschirr errichtet worden, vor ihm stand jetzt eine Hütte. Am hinteren Schornstein saßen an jeder Seite Ausleger für die Halterung der Funkantennen, die ja bis dahin an den Rahen des Großmastes befestigt gewesen waren.
Für das Einfahren der neuen Besatzung und die notwendige Einzelausbildung blieb nur wenig Zeit, schon am 10. November 1934 trat die *Emden* ihre fünfte Auslandsreise an, die über die Kanaren, Kap Verden, entlang der west- und ostafrikanischen Küste nach Südafrika führte. Sie setzte sich fort nach den Seychellen, Ceylon und Indien. Dann ging es zurück ins Mittelmeer – ein geplanter Abstecher ins Schwarze Meer entfiel – und über Spanien zurück nach Wilhelmshaven, wo sie am 14. Juni 1935 festmachte. Das Schiff war unter dem Kommando des FKpt Dönitz wieder in Dienst gestellt worden, der nach dieser Reise bereits wieder abgelöst wurde, und zwar von FKpt Bachmann, der die nächste – die sechste – Auslandsreise leitete.
Diese begann am 23. Oktober 1935 und führte in den amerikanischen Raum. Nach der Atlantiküberquerung wurden die Bermudas angelaufen, anschließend die Inseln der westindischen Staaten. Es folgten einige Häfen in den nördlichen Staaten Südamerikas, die Durchfahrt des Panama-Kanals, ein Abstecher nach Hawaii, an der Westküste Nordamerikas zurück und nach erneuter Durchfahrt durch den Panama-Kanal entlang der Ostküste Nordamerikas nach Kanada, von dort über den Atlantik nach Spanien und dann in Richtung Heimat. Nach Durchführung der üblichen Besichtigung, vom 9. bis 11. Juni 1936 auf Schillig Reede, machte der Kreuzer am 11. Juni 1936 in Wilhelmshaven fest.
Unter einem neuen Kommandanten, KptzS Lohmann, lief *Emden* am 10. Oktober 1936 zur 7. Auslandsreise aus. Der Abschied in Wilhelmshaven war wie immer feierlich, an Bord befanden sich 650 Mann, davon 29 Offiziere, vier Fähnriche und 160 Kadetten. Die Reise führte durch die Straße von Gibraltar nach Sardinien, weiter nach Varna im Schwarzen Meer, nach Konstantinopel, durch den Suez-Kanal und über Port Sudan nach Ceylon. Von dort ging es weiter nach Singapur, Bangkok, Borneo und Japan. Der Rückweg führte über China, Sumatra, Vorderindien und Ägypten nach Spanien. Am 23. April 1937 legte der Kreuzer wieder in Wilhelmshaven an.
Im November 1937 folgte eine Kurzreise in den Indischen Ozean. Sicherlich war auch sie für länger geplant, aber in den ausländischen Staaten machte sich eine immer weiter um sich greifende und stetig wachsende Deutschfeindlichkeit breit, man legte den deutschen diplomatischen Vertretern, die ja solche Reisen vorbereiten mußten, förmlich nahe, doch auf einen Besuch zu verzichten.
Die siebte Auslandsreise war noch recht erfolgreich gewesen, obgleich sich aufgrund der seit 1935 in Kraft getretenen »Nürnberger Gesetze« schon gewisse Ressentiments gegen Deutschland breit machten. Trotzdem gelang es der deutschen Führung, durch die 1936 im Reich stattfindenden Olympischen Spiele die Ressentiments etwas zu verwischen. Die Auslandsreise wurde später auch als sogenannte »Olympiareise« bezeichnet, die mitfahrenden Kadetten als »Olympia-Crew«.
Das war das eine, das andere war der in Spanien ausgebrochene Bürgerkrieg. Auf der Seite der nationalen Streitkräfte kämpften deutsche Freiwillige (die spätere »Legion Condor«) sowie reguläre Truppeneinheiten Italiens. Auf seiten der Republikaner halfen die Russen und zahlreiche internationale Brigaden, die sich vorwiegend aus Emigranten, Sozialisten und Kommunisten zusammensetzten. Zwar versuchten die damaligen Großmächte – zu denen auch Deutschland wieder zählte – jede Einmischung von außen durch eine Art Seeüberwachung zu verhindern, aber die scheiterte dann daran, daß keiner die Sache so ganz ernst nahm. Die deutsche Flotte war recht zahlreich vertreten, sowohl im Mittelmeer als auch im nordspanischen Küstengebiet, unter anderem auch zum Schutz deutschen Eigentums und der vielen in Spanien lebenden deutschen Staatsbürger. Am 29. Mai 1937 kam es zu dem folgenschweren Zwischenfall vor Ibiza, als »rotspanische Flugzeuge« das dort liegende deutsche Panzerschiff *Deutschland* angriffen und Treffer erzielten, die zahlreiche Opfer forderten. Auf den

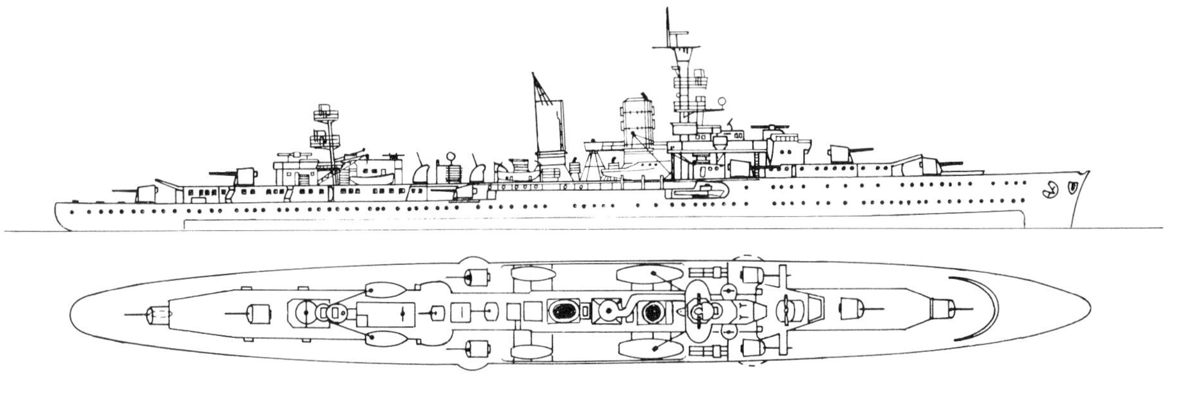

Leichter Kreuzer EMDEN 1934 - 1935

0 5 10 15 20 25m

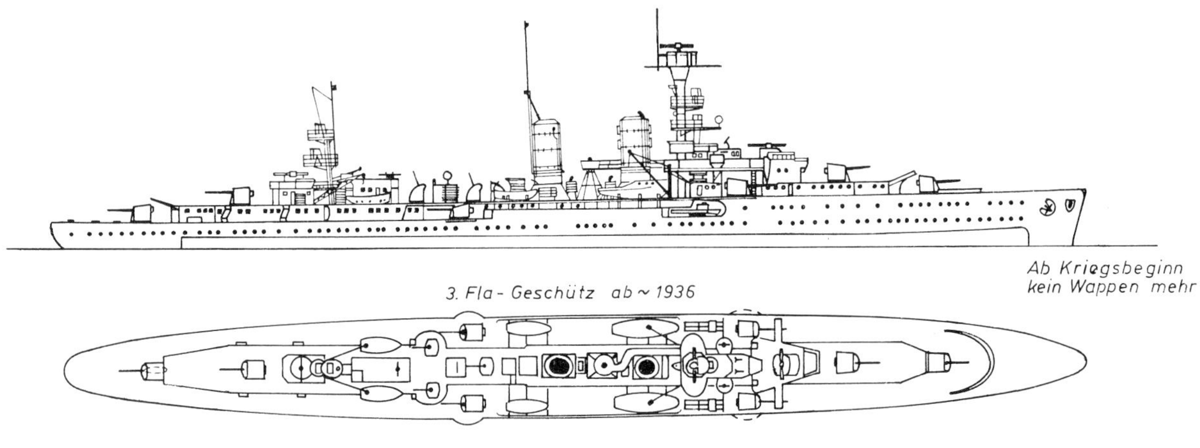

Leichter Kreuzer EMDEN 1935 - 1942

0 5 10 15 20 25m

Kreuzer *Leipzig* wurde ein U-Bootangriff versucht, zum Glück erfolglos. Dies zwang die deutschen Kriegsschiffe zu Gegenmaßnahmen; die spanische Küstenstadt Almeria und ihre Batterien wurden beschossen.

Infolge der gespannten Lage wurde die *Emden* bei ihrer Rückkehr von der 8. Reise – der Angriff auf die *Deutschland* hatte inzwischen stattgefunden – für einige Tage im Mittelmeer unter den Befehl des BdP gestellt und blieb in verschiedenen spanischen Häfen in Bereitschaft. Erst dann durfte sie ihre Reise in die Heimat fortsetzen, wo sie am 23. April 1938 eintraf. Die schließlich vorgesehene 9. Reise sollte nochmals nach Amerika führen, wurde aber endgültig abgeblasen, denn mittlerweile war es im Reich zu offenen Judenverfolgungen (Reichskristallnacht) gekommen. Die Realisierung der Reise war nicht mehr möglich, die – verständliche – Deutschfeindlichkeit des Auslandes hatte Formen angenommen, die es geraten sein ließen, von weiteren Besuchen abzusehen. So führte die neunte und zugleich letzte Reise im November 1938 nochmals ins Mittelmeer. Zuvor hatte sie diese Reise am 26. Juli 1938 begonnen, am 10. Oktober nochmals Wilhelmshaven angelaufen und fuhr dann nach Istanbul (früher Konstantinopel), wo die Besatzung des Kreuzers an den Trauerfeierlichkeiten für den verstorbenen türkischen Staatspräsidenten Kemal Atatürk teilnahm. Vorher hatte der Kreuzer vom

12.–18. November 1938 nochmals in Varna/Bulgarien gelegen und an der Einweihung eines U-Boot-Ehrenmals teilgenommen, das für das U-Boot *UB 45*[6] errichtet wurde. Dabei besuchte der bulgarische König Boris das Schiff. Am 19. November ging es dann nach Istanbul. Während dieser letzten Reise führte KptzS Wever das Schiff als Kommandant. Am 15. Dezember 1938 war die *Emden* zurück.
Seit 1936 hatte sich das Aussehen des Kreuzers nochmals leicht verändert. Der Stummel des Großmastes führte wieder eine Stenge. Diese war 11 m hoch. Außerdem waren die beiden Ausleger am hinteren Schornstein wieder ausgebaut worden, dafür befand sich an seiner Hinterkante ein Mast mit Schrägstützen und Doppelgaffel. Die beiden 8,8-cm-Flak waren um eine dritte 8,8 cm vermehrt worden. Nun standen sie nicht mehr in der Schiffsmittellinie, sondern nur noch eine, die beiden anderen nebeneinander. Schließlich erhielt die *Emden* Mitte 1938 einen neuen Bug, der Vorsteven verlor seine leicht geschwungene sichelartige Form und war nun zwar noch schräg, aber in sich gerade.
Um die Geschichte der Auslandsreisen abzurunden, soll auch jenes Ereignis nicht verschwiegen werden, das ebenfalls zur Tradition jedes Seemannes gehört: die Äquatortaufe, die auf jedem Schiff, das diesen Breitengrad (er trägt die Ziffer Null) von Norden nach Süden oder umgekehrt überfährt, durchgeführt wird. Das ist so bei allen Marinen der Welt, ob es sich um Kriegsschiffe oder Handelsschiffe handelt. Auch auf der *Emden* wurde diese Taufe stets dann durchgeführt, wenn der Kreuzer diese Linie überquerte. Stellvertretend zeigen einige Aufnahmen den Ablauf der Geschehnisse auf der großen Weltreise 1928/29. So oder in ähnlicher Form lief dieses Zeremoniell immer ab. So fand die erste Linientaufe am 7. März 1929 auf der Fahrt von Aden nach Mombassa statt, die zweite am 11. August 1929 auf der Fahrt von Pago-Pago nach Honolulu. Eine weitere dann bei der nächsten großen Weltreise am 26./27. Juli 1931. Am Vorabend ging folgender Funkspruch ein:

An Kommandant Kreuzer *Emden*!
Komme längsseit 26. Juli 1930 Uhr, zwecks Besprechung wegen bevorstehenden Passierens der Linie. Auf Ehrenwache und sechs Fallreepsgäste kann nicht verzichtet werden.
Gem. D.a.B. § 73, Flasbo, Ziffer 99, Anlage 10 und Marine-Verordnungsblatt 31, Ziffer...
Triton
Admiral

Daraufhin erging für den 26. Juli 1931 folgender

Schiffsbefehl

1900 Uhr Stb-Fallreep klar.
1920 Uhr Antreten in Musterungsdivisionen an Deck.
Anzug Tagesanzug
Offiziere und Oberfeldwebel auf der Schanz antreten.
Triton im Auftrage Neptuns kommt an Bord.
In seiner Begleitung befinden sich Neptuns Polizeichef und erster Trabant.
Am Fallreep Kdt., I.O., I. und W.O.
Wachdivision stellt Ehrenwache und 6 Fallreeps.
Nach Begrüßung durch Kommandant Abschreiten der Front der Divisionen.
Anschließend alle Mann achteraus. Schon Getaufte haben Taufscheine mitzubringen.
Ansprache Tritons.
Triton wird mit »Herr Admiral« angesprochen.

Aufgrund der Besprechung mit Admiral Triton am Vorabend war folgendes für den Tag der Linientaufe angeordnet worden:

Schiffsbefehl für den 27. VII. 31.

7.15–8.30 Uhr Decksreinigung.
Das Betreten der Vorback ist verboten.
8.30 Uhr Umziehen. Badehose unterm Sportzeug.
8.45 Uhr Alle Mann auf. Antreten in Musterungsdivisionen an Deck.
Offiziere Stb.Hütte. Oberfeldwebel Bb.Hütte.
9.00 Uhr Erscheinen Neptuns mit Hofstaat von der Back her.
Empfang am achteren Ausgang vom Backsdeck durch Kommandant, I.O., I. Abschreiten der Front (Beginn III. Div. Bb. Back), Anrede Neptuns ist ›Eure Majestät‹.
Nach Abschreiten der Front Thronbesteigung durch Neptun. Thron steht Bb.Vorkante der Hütte.
Divisionsweise geschlossen achteraus rücken.
Die einzelnen Plätze der Divisionen während der Ansprache sind nach Anweisung Tritons einzunehmen.
D.O.s befragen nähere Befehle bei Admiral Triton.
Offiziere, Oberfeldwebel unmittelbar vor dem Thron.
Neptuns Hofmusik im Bb.I.Kutter.
Nach Ansprachen Taufe.
Es wird getauft in folgender Reihenfolge:
Offiziere, Oberfeldwebel, Bordkapelle, Iv.Div., I.Div. Kdv.[7], V., II., VI., III., anschließend Lazarett.
Bordkapelle unmittelbar nach ihrer Taufe umziehen und klar zum Spielen.
Nachmittags Freizeit.
Nach Abendessen Feier in den einzelnen Divisionen mit Offizieren freigestellt.

Im Zweiten Weltkrieg

Was viele vorausgesagt hatten, was die meisten nicht wahrhaben wollten, was keiner glaubte: Ab 1. September 1939 befand sich Deutschland wieder im Krieg. Zwar ließen die Blitzfeldzüge von 1939 und 1940, die großen Siege im Osten (1941) viele hoffen, daß es diesmal wohl doch anders ausgehen würde als 1918. Denn Deutschland hatte – wie es schien – mächtige Verbündete, aber dann zeichnete sich doch recht schnell ab, daß der Krieg nicht nur viel länger dauern würde, sondern auch sehr viel schlimmer ausgehen würde, viel schlimmer, als man es sich überhaupt vorstellen konnte.

Die deutsche Kriegsmarine war nicht nur nicht vorbereitet auf diesen – oder irgendeinen – Krieg, sie war im Grunde genommen einem solchen auch gar nicht gewachsen, weder materiell noch personell. So blieb ihr nur eines: Mit dem wenigen, was sie hatte, zu kämpfen.

Mit dem Kriegsausbruch endete für *Emden* die Tätigkeit als Schulkreuzer, zumindest würde es keine Auslandsreisen mehr geben. Zwar verblieb sie der Bildungsinspektion weiterhin unterstellt, aber da ein großer Mangel an Kriegsschiffen herrschte, mußte auch sie – obgleich fast ohne Kampfwert – bestimmte Kriegsaufgaben übernehmen. Seit Mai 1939 führte KptzS Lange das Schiff. Als sich im Sommer dieses Jahres die politische Lage zuspitzte, wurden vorbeugende Maßnahmen eingeleitet, obgleich noch keiner so recht an einen Krieg glaubte, denn bisher hatte sich alles – wenn man an Österreich, das Sudetenland, die Tschechoslowakei und das Memelgebiet dachte – schließlich doch friedlich lösen lassen. Die Wirkungen dieser Dinge im Ausland haben die deutsche Führung und Bevölkerung allerdings gründlich unterschätzt. Jedenfalls erhielt *Emden* den Befehl, gemeinsam mit anderen Einheiten, u. a. dem Aviso *Grille*, in der Nordsee Minen zu legen. Es handelte sich um die Verlängerung des immer noch unfertigen »Westwalls«, der sich von der Schweizer Grenze bis zur Nordseeküste hochziehen sollte. Ursprünglich sollte dieser Wall den westlichen Nachbarn garantieren, daß Deutschland nicht die Absicht hatte, seine Grenzen nach Westen hinaus auszudehnen.

An den Minenlegeaufgaben waren außer dem Kreuzer in wechselnder Folge Einheiten aller Typen beteiligt, denn es mußte ja schnell gehen. Das ganze Unternehmen stand unter der Führung von KAdm Lütjens, dem FdT, der dann 1941 als Flottenchef mit der *Bismarck* unterging. Die ganze Aktion dauerte bis zum 20. September 1939, mit von der Partie waren zu den verschiedensten Zeiten die 1., 2. und 4. Zerstörerflottille, die V. Zerstörerdivision, die 5. und 6. Torpedoboot-Flottille sowie drei Minenschiffe.

Nach der Kriegserklärung Großbritanniens und Frankreichs ging England gleich zum Angriff über. Es schickte Flugzeuge übers Meer, aber zu jener Zeit besaß Deutschland über dem Reichsgebiet noch die Luftherrschaft, die Luftabwehr war gut. Allerdings war die Abwehr dieses ersten britischen Angriffs nicht das Verdienst der Luftwaffe, sondern dem Können der Flak zu verdanken.

Am 4. September versuchten insgesamt zehn mittlere Bomber vom Typ *Blenheim,* die zur 110. und 107. Squadron des »RAF Bomber Command« gehörten, in Wilhelmshaven liegende Kriegsschiffe anzugreifen. Das auf der Reede liegende Panzerschiff *Admiral Scheer* wurde von drei Bomben getroffen, die sich aber als Blindgänger erwiesen. Bei dem Angriff wurde ein Flugzeug abgeschossen. Bei dem nachfolgenden Anflug wurden keine Treffer erzielt, aber von fünf Angreifern stürzten vier ab, einer davon so unglücklich, daß er fast auf die im Großen Hafen an der Pier liegende *Emden* fiel. Das Flugzeug ging zwischen der Back und Kaimauer nieder. Der Schaden war immerhin so groß, daß der Kreuzer neun Tote und 20 Verwundete zu beklagen hatte. Es waren die ersten Opfer der Marine in diesem Krieg.

Weitere Aktivitäten waren für den Kreuzer nicht mehr vorgesehen – der Krieg lief erst langsam auf zur Höchstform. Bis in den März 1940 wurde daher wieder Ausbildung betrieben. Während einer kurzen Werftliegezeit 1940/41 erhielt der Kreuzer eine MES-Anlage, die dazu gehörige Schleife wurde an der Oberkante des Gürtelpanzers über der Konstruktionswasserlinie angebracht. Anstelle des unteren Scheinwerfers am Gefechtsmast erhielt er 1942 auf einer leicht vergrößerten Plattform ein Funkmeßgerät (FuMB-Matratze).

Um einem – wie man heute weiß – geplanten Landungsunternehmen der westlichen Alliierten (Großbritannien und Frankreich) in Skandinavien zuvorzukommen, ließ der deutsche Schlag nicht lange auf sich warten. Skandinavien war für die deutsche Kriegswirtschaft von ausschlaggebender Bedeutung. Ein Großteil des für die Rüstung benötigten Eisenerzes wurde aus Schweden geliefert. Zwar bestand auch die Möglichkeit, dieses Erz über die Ostsee zu transportieren,

aber die Region, von wo die Verladung erfolgte, war im Winterhalbjahr bis weit in das Frühjahr hinein zugefroren, hingegen war der norwegische Hafen Narvik, im Norden gelegen und mittels einer Eisenbahnlinie mit den schwedischen Erzgruben verbunden, das ganze Jahr über eisfrei. Allerdings war der Seeweg nun, nach Ausbruch des Krieges, für die deutschen Transportschiffe auch gefährdeter. Hinzu kam, seit Ende 1939 befand sich das kleine Finnland mit dem großen Rußland im Krieg. Deutschland, seit Mitte 1939 mit der Sowjetunion so gut wie verbündet, konnte den Finnen – trotz traditioneller Freundschaft – nicht helfen. Hingegen erwogen die Westmächte, ihnen zu Hilfe zu kommen, was zweifellos ein gutes Alibi gewesen wäre, hinterher an Ort und Stelle zu bleiben und Deutschland somit vom Erz abzuschneiden. Jedoch endete dieser Krieg bereits im März 1940, so daß die Westmächte ihre Absichten nicht mehr durchführen konnten. Deutschland erhielt dadurch die Atempause, die notwendig war, die Landung im Norden Europas vorzubereiten.
Das ganze Unternehmen lief unter der Bezeichnung »Weserübung«. Schon rechtzeitig versammelten sich die vorgesehenen Kampfgruppen, die dazu bestimmt waren, an den strategisch wichtigsten Plätzen in Dänemark und Norwegen zu landen.
So lag die *Emden* am 6. April 1940 in Swinemünde, wo Heereseinheiten eingeschifft wurden. Mit rund 2000 Mann lief der Verband am 7. April von dort aus und sammelte sich am gleichen Tag mit der zugeteilten Gruppe in der Kieler Bucht. *Emden* gehörte zur Kriegsschiffgruppe 5, welche unter der Führung des KAdm Kummetz stand und sich aus dem neuen Schweren Kreuzer *Blücher,* dem Panzerschiff *Lützow* (ex *Deutschland*), der *Emden* sowie den Torpedobooten *Möwe, Albatros* und *Kondor,* der 1. Räumboot-Flottille mit sieben Booten und den beiden ehemaligen Walfangbooten *Rau 7* und *Rau 8* zusammensetzte. Mit dem Einlaufen in den Oslo-Fjord (das Ziel war die Besetzung der norwegischen Hauptstadt Oslo) lief alles zunächst gut an, aber dann kam doch alles etwas anders, als man es sich vorgestellt hatte. Es war kein Spaziergang! Die Norweger – anders als die Dänen – weit davon entfernt, einer Besetzung ihres Landes zuzustimmen, fingen an, sich zu wehren. Als die Kriegsschiffsgruppe sich der engsten Stelle näherte (es war die stark befestigte Durchfahrt bei Dröbak), eröffneten die dort postierten norwegischen Küstenbatterien das Feuer. *Blücher*, von Granaten und Torpedos getroffen, sank. Die Verluste waren groß und schmerzlich – vielleicht sogar vermeidbar gewesen. Trotz dieser eingetretenen Verzögerung brachen die übrigen Schiffe durch, und auch die *Emden* konnte ihre eingeschifften Truppen landen. Der ganze Norwegenfeldzug sollte für die Marine ein großer Aderlaß werden, es traten Verluste ein, die nie wieder ersetzt werden konnten. So sanken in Narvik 10 von bis dahin 22 vorhandenen Zerstörern, in Bergen der Kreuzer *Königsberg*, vor Kristiansand der Kreuzer *Karlsruhe*. Ungezählt bleiben die Hilfs- und Sonderfahrzeuge sowie kleine Einheiten.
Emden verblieb in Oslo. Sie stellte allen drei Wehrmachtsteilen ihre Funkanlagen zur Verfügung und war die Brücke zwischen dem fernen Norwegen und den Führungsstellen in der Heimat.
Im Sommer 1940 – nach Beendigung dieses Unternehmens und Festigung der Lage – verlegte der Kreuzer zurück in die Ostsee. Von jetzt an wurde wieder Ausbildung betrieben, als Stützpunkt oder auch Heimathafen diente Gotenhafen (das nach siegreicher Beendigung des Polenfeldzuges an Deutschland gefallene und umbenannte Gdynia). Seit August 1940 hatte KptzS Mirow die Führung des Kreuzers als Kommandant übernommen. Ab Kriegsbeginn wurde die Flak des Kreuzers vermehrt und verstärkt. So erhielt er nach und nach zusätzlich 3,7-cm-Einzellafetten und zahlreiche 20-mm-Waffen, die teilweise in Vierlingslafetten Aufstellung fanden.
Dann kam es im Jahre 1941 zum Fall »Barbarossa«, dem deutschen Angriff auf die Sowjetunion, der am 22. Juni begann. Es ist selbstverständlich, daß auch die *Emden* in das Kampfgeschehen mit einbezogen wurde. Der Angriffsschwung der deutschen Truppen war enorm, aber mit zunehmendem Eindringen in den russischen Raum wurde auch der Widerstand stärker, und in der Zeit vom 13. September bis zum 5. Oktober 1941 wurde der Kreuzer bei der Eroberung der Baltischen Inseln benötigt, wo schon der unmittelbare Vorgänger, der Kleine Kreuzer *Emden* [II] im Jahre 1917 tätig gewesen war. Bei Ösel kam auch sie zum Einsatz. Gemeinsam mit dem Kreuzer *Leipzig* beschoß sie russische Artilleriestellungen auf der Halbinsel Sworbe, um den deutschen Vormarsch zu unterstützen. Dabei waren auch die Torpedoboote *T 11, T 7* und *T 8.* Im Verlauf dieses Einsatzes wurden sowohl sowjetische Schnellbootangriffe als auch der Versuch eines russischen U-Bootes, die *Leipzig* zu torpedieren, abgewehrt. Diese Unterstützungsaufgaben fielen in

lungen darüber wurden nie so recht publik gemacht, und wenn doch, gingen diese weit auseinander. Während die einen erzählen, daß ein roter Putzlappen gesetzt wurde, behaupten andere, daß es sich dabei um ein rotes Damenhöschen gehandelt habe. Auch der Autor konnte keine endgültige Klärung herbeiführen. Aber der Auslöser war anscheinend, daß Teile der Besatzung der Meinung waren, mit Rückkehr in den Atlantik, also bei Antritt der Rückfahrt müsse der Heimatwimpel gesetzt werden. Das sollte jedoch erst mit Durchfahrt durch den Englischen Kanal erfolgen. Jedenfalls soll es sich bei diesem »roten Lappen« um den Teil einer Rolle roten Toilettenpapiers gehandelt haben. Die Führungsstellen der Marine reagierten empfindlich, kein Wunder, der November 1918 war allen noch in frischer Erinnerung. Eine Untersuchungskommission versuchte Licht ins Dunkel zu bringen. Die Schuldigen wurden bestraft bzw. vom Dienst suspendiert. Heute kann man sagen, daß es sich zweifellos um einen dummen Scherz gehandelt hat, dessen Folgen bei vernünftiger vorheriger Überlegung vermeidbar gewesen wären, von einer geheimen »Roten Zelle« oder ähnlichem kann gewiß keine Rede gewesen sein.

Aber es hat noch einen zweiten Vorfall gegeben, oder wie man es nennt, ein »Besonderes Vorkommnis«. Das war im Mittelmeer. Dort hatte der Wachoffizier, wohl von der am vorangegangenen Abend stattgefundenen Feierei noch nicht wieder im Zustand völliger Nüchternheit, die erforderlich war, den Dienst einwandfrei zu führen, sich bei der morgendlichen Flaggenparade nicht gerade freundlich üder die Flagge selbst geäußert. Obwohl der Kommandant – wie bei der anderen Sache – nicht zugegen war: Es ehrt ihn, daß er als Kommandant des Kreuzers die volle Verantwortung übernahm.

Zwar hatte dieses alles keine direkte Auswirkung auf ihn, er blieb auch für die folgende – die dritte – Reise Kommandant, aber danach wurde er auf eine Art Abstellgleis geschoben. Am 1. 10. 1930 zum KptzS befördert, erfolgte am 30. 9. 1931 seine Verabschiedung aus der Reichsmarine. Er trat dann in türkische Dienste, wurde am 25. 1. 1937 zum KAdm a. D. befördert und am 19. 8. 1939 zum char. VAdm a. D. Am 1. 9. 1939 kehrte er als Offizier z. V. in die Kriegsmarine zurück, hatte dann verschiedene Ämter inne, wurde am 1. 2. 1941 VAdm z. V., stürzte jedoch am 24. 2. 1941 während des Fluges nach seiner Dienststelle in Frankreich tödlich ab.

R E I S E P L A N

d e s K R E U Z E R S " E M D E N "

vom 5. Dezember 1928 – 13. Dezember 1929.

Wilhelmshaven				5.12.1928
Villagarcia	(Nordspanien)	10.12.1928	–	27.12. "
Cartagena	(Südspanien)	3. 1.1929	–	13. 1.1929
Neapel	(Italien)	16. " "	–	22. " "
Taormina	(Sizilien)	23. " "	–	23. " "
Argostolion	(Griechenland)	24. " "	–	8. 2. "
Konstantinopel	(Türkei)	11. 2. "	–	16. " "
Port Said	(Ägypten)	19. " "	–	20. " "
Aden	(Arabien)	25. " "	–	1. 3. "
Mombassa	(Brit.Ostafrika)	9. 3. "	–	20. 3. "
Port Victoria	(Seychellen)	25. " "	–	5. 4. "
Sabang	(Sumatra)	15.4. "	–	26. " "
Soerabaja	(Java)	3. 5. "	–	5. 5. "
Endeh	(Flores)	9. " "	–	21. " "
Makassar	(Celebes)	23. " "	–	30. " "
Dilli	(Timor)	1. 6. "	–	10. 6. "
Donnerstag Ins.	(Nord-Australien)	14. ". "	–	15. " "
Auckland	(Neuseeland)	26. " "	–	5. 7. "
Wellington	(")	6. 7. "	–	12. " "
Suva	(Fidschi-Insel)	19. " "	–	28. " "
Pago Pago	(Samoa-Insel)	1. 8. "	–	6. 8. "
Honolulu	(Hawai-Insel)	16. " "	–	23. " "
San Diego	(U. S. A.)	2. 9. "	–	9. 9. "
Manzanillo	(Mexiko)	14. " "	–	15. " "
Punta Arenas	(Costarica)	21. " "	–	26. " "
Panama	(Panama)	28. " "	–	7.10. "
Cartagena	(Columbia)	9.10. "	–	14. " "
Curacao	(Venezuela-Nied.)	17. " "	–	28. " "
La Guaira	(Venezuela)	29. " "	–	4.11. "
Port of Spain	(Trinidad)	6.11. "	–	11. " "
Las Palmas	(Kanar.Inseln)	26. " "	–	4.12. "
Wilhelmshaven		13.12. "		

△
Der Reiseplan mit den genauen Zeitangaben und anzulaufenden Stationen. Eine solche Reise ist sorgfältig vorzubereiten: Jedes Anlaufen ausländischer Häfen oder Einlaufen in fremde Hoheitsgewässer bedarf gründlicher Planung und Anmeldung. Dieses ist Aufgabe der deutschen diplomatischen Vertretungen, die angesichts des erst vor nicht langer Zeit beendeten Krieges vielfach durchaus nicht einfach gewesen sein mag.

◁ Oben: Vor der großen Ausreise werden die letzten Vorbereitungen getroffen. Längsseits des Kreuzers der »Lange Heinrich«, der größte Schwimmkran der deutschen Marine, der sowohl den Ersten als auch den Zweiten Weltkrieg überlebt hat (heute liegt er in Bremerhaven und tut immer noch seinen Dienst). Links im Hintergrund das zum Zielschiff umgebaute Linienschiff *Zähringen.*

Unten: Am 5. Dezember läuft *Emden* in die Schleuse ein. Auf der Pier Angehörige, Verwandte, Freunde, die zur Verabschiedung gekommen sind. Hinter dem Bug ist das alte Linienschiff *Schlesien* zu erkennen, im Topp die Flagge des BdL (KAdm).

Nach dem Festmachen in der Schleuse kam der Flottenchef, ▷ VAdm Oldekop, zur Verabschiedung an Bord.

Der Flottenchef, VAdm Oldekop, spricht zur angetretenen Besatzung und den angetretenen Kadetten, hinter ihm steht der Kommandant. Der Offizier mit den hellen Mantelaufschlägen in der Offiziersgruppe dahinter ist der ehemalige Kommandant des Kreuzers, jetzt KAdm und Inspizient des Bildungswesens, Foerster.
▽

»Front nach Steuerbord«: Jeder Reise ging eine Verabschiedung durch die Kommandobehörden voraus. Hier kommt ein Admiral an Bord und wird durch die Besatzung durch Ausführung obigen Befehls begrüßt.

Die Verabschiedung der *Emden* fand immer unter großer Beteiligung der Bevölkerung Wilhelmshavens statt. Hier läuft sie aus der dritten Einfahrt aus. An der gegenüberliegenden Pier liegt eines der neuen Torpedoboote der *Raubtier*/*Raubvogel*-Klasse, deren 12 Einheiten alle auf der Marinewerft in Wilhelmshaven gebaut wurden. Bei der *Emden* sind die Veränderungen aufgrund der durchgeführten letzten Werftliegezeit gut erkennbar: Der Großmast hat jetzt nur noch eine 4 m lange Stenge, vor ihm wurde ein Kompaßstand errichtet. Gut erkennbar auch der direkt hinter und unten am Großmast befindliche hintere Feuerleitstand mit daraufsitzendem Entfernungsmesser. Die Artillerie konnte sowohl vom Artilleriemars aus geleitet werden oder getrennt nach Batterien, jeweils von vorne oder hinten. Die Besatzung steht noch divisionsweise an Oberdeck angetreten, ganz in weiß die Mannschaften und Kadetten, in weißer Hose und dunklem Hemd die Unteroffiziere, ganz in dunkel die Offiziere und Deckoffiziere.

Sowohl in der Biskaya als auch im Atlantik erwartete den Kreuzer stürmische See. Je nach Kurs kamen die Brecher von der einen oder anderen Seite, Schanz und Hauptdeck wurden teilweise überspült, trocken blieb man nur, wenn man die Beine anlüftete. Wenn sich etwas löste, mußte das seemännische Personal raus und versuchen, alles wieder seefest zu zurren, wie auf dem Bild (oben rechts), wo sich die Bb-Backspier gelöst hatte.

Der erste Hafen, der angelaufen wurde, war Villagarcia in Nordspanien, wo der Kreuzer bis nach Weihnachten liegen blieb. Am 23. 12. setzte die *Emden* großen Flaggenschmuck und schoß zu Ehren des Geburtstages der spanischen Königin Salut.

Während der Reise wurde jede Gelegenheit wahrgenommen, die Ausbildung der Besatzung, insbesondere die der Kadetten, zu vervollkommnen. Hier findet ein Artillerie- und Torpedoschießen statt. Bei den Torpedos handelte es sich um Übungs-»Aale«, die nach dem Schuß wieder mit den Beibooten eingefangen werden mußten, wobei die Übung mit diesem seemännischen Gut ebenfalls zu ihrem Recht kam. Der Entfernungsmesser des vorderen Leitstandes ist auf das Ziel gedreht.

Emden in Neapel. Der Blick vom Kastell vermittelt einen Eindruck von der Landschaft dieser italienischen Region. Unten an der Stichpier der auf dem Heck festgemachte Kreuzer, im Hintergrund der immer fleißige Vesuv.

Das Schießen fand gemeinsam mit dem zur gleichen Zeit in diesem Seegebiet weilenden – vor Argostolien/Griechenland – Kleinen Kreuzer *Berlin* statt. Mit dem Erscheinen der neuen *Emden* und der nachfolgenden neuen Kreuzer *Königsberg, Köln* und *Karlsruhe* wurde die Reisetätigkeit der alten Schiffe nach und nach eingestellt. Nach dem Ende des Schießens verabschiedet sich die *Berlin* und nimmt Kurs auf die Heimat.

Emden in Konstantinopel. Der Blick von der deutschen Botschaft aus vermittelt einen Eindruck von der Größe dieser wichtigen Meerenge zwischen dem Mittel- und Schwarzen Meer, die immer wieder Anlaß zu Auseinandersetzungen bot, insbesondere die Russen versuchten über Jahrhunderte hinweg immer wieder, in Besitz dieser Wasserstraße zu kommen. Auf der Reede liegt links von der *Emden* der türkische Kreuzer *Medjidieh,* ein völlig veraltetes Kriegsschiff, das 1903 in den USA vom Stapel gelaufen war.

Mit Einlaufen in Port Said wurde der europäische Kontinent verlassen. Hier wurden auch Kohlen übernommen. Was sonst Angelegenheit der Besatzung selbst war, wurde hier von Einheimischen durchgeführt. Die Arbeit hinterher, das Stauen in den Bunkern und das anschließende Reinschiff war jedoch wieder Aufgabe der Besatzung.

365

△
Der anschließende Besuch galt Panama, wo die *Emden* ebenfalls festmachte.

◁ Während der Hafentage in San Diego riß der Besucherstrom nicht ab (oben).

Beim Abschied von San Diego war die Pier schwarz von Menschen (unten).

Dann wurde der Panama-Kanal durchfahren, es folgte der Übertritt in den Atlantik. Hier läuft der Kreuzer in eine der Schleusen ein, die Leine der Zugmaschine ist bereits hinübergegeben. ▷

◁ Und dann ging es nach Hause. Wie üblich, erwartete den Kreuzer, je näher er den heimatlichen Gefilden kam, eine rauhe See. Auf dem letzten Wegstück des Atlantiks und mit der Einfahrt in die Biskaya galt es einen Orkan abzureiten, dessen Ausläufer bei dieser Aufnahme vom 11. Dezember 1929 noch ersichtlich sind. Der hintere Entfernungsmesser ist gegen Witterungseinflüsse gut dichtgezurrt, der Kreuzer krängt nach Stb, ein Zeichen, daß nicht nur der Wind sondern auch die See von querab kommt. Die Wellenhöhe und ihre Beschaffenheit lassen auf eine Windstärke von 9 bis 10 schließen.

Oben: Schon am 13. Januar 1930 erfolgte das Auslaufen zur ▷ nächsten Auslandsreise, der dritten, die jedoch kürzer ausfallen sollte als die vorangegangene und nach Westindien und in die südliche USA führte. Die Karte der Fahrtroute verzeichnet zurückgelegte 14650 sm.

Unten: Die *Emden* verläßt am 13. Januar den Heimathafen. Hier befindet sie sich noch vor der dritten Einfahrt (der sogenannten »Tirpitz«-Schleuse). Im Hintergrund wieder der »Lange Heinrich« und über die Back hinweg sieht man eines der beiden alten Linienschiffe der *Deutschland*-Klasse, anscheinend die *Schlesien.* Im Vormars weht die Flagge des BdL.

Mit dem Erreichen des Englischen Kanals wurde der Heimatwimpel vorbereitet und in die Topp des Gefechtsmastes ◁ gezogen.
▽

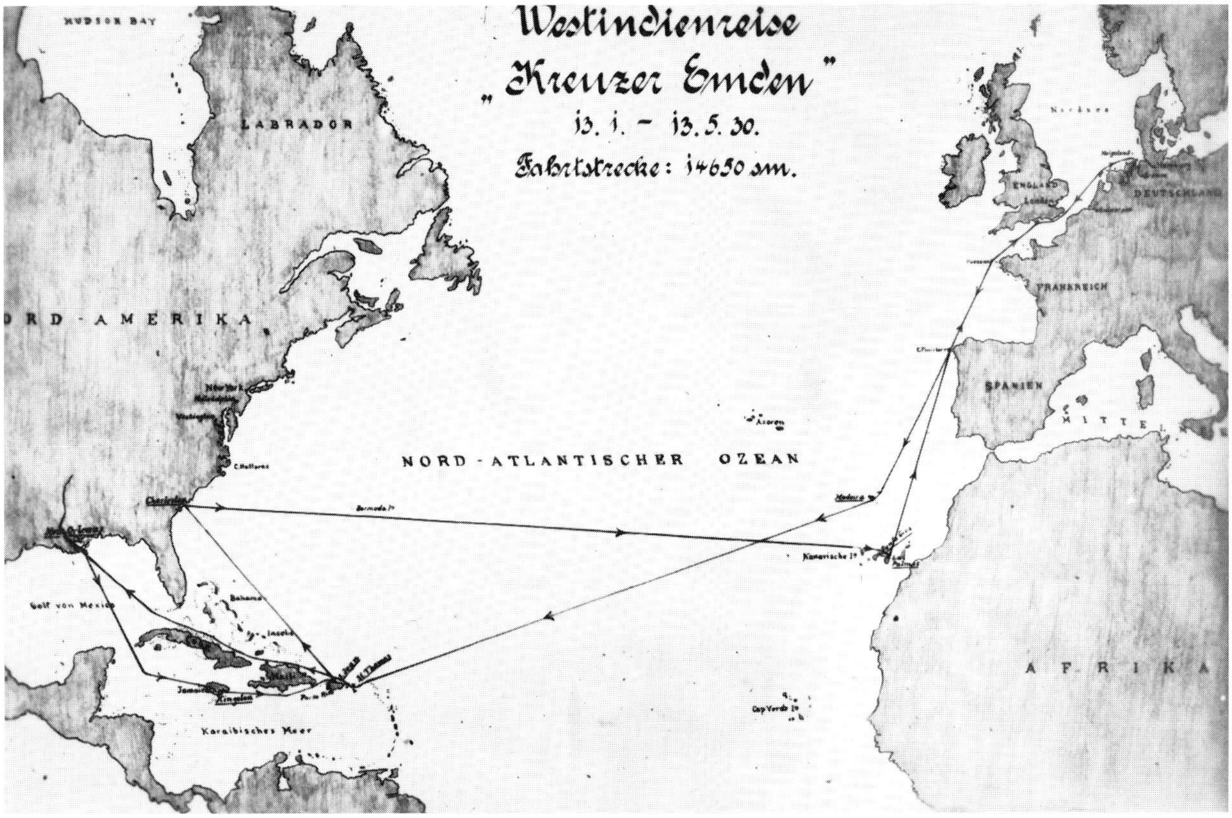
Westindienreise
„Kreuzer Emden"
13. 1. – 13. 5. 30.
Fahrtstrecke: 14650 sm.
HUDSON BAY
LABRADOR
ORD - AMERIKA
NORD - ATLANTISCHER OZEAN
C.Hatteras
Bermuda I.
Golf von Mexico
Bahamas
Karaibisches Meer
Kingston
Azoren
Kanarische I.
Cap Verde I.
ENGLAND
DEUTSCHLAND
FRANKREICH
SPANIEN
MITTEL
AFRIKA

Die erste Station des Kreuzers war – wie schon so oft in früheren Zeiten von anderen Schiffen und später wiederholt – Madeira. Die Kommandanten-Pinasse hat gerade abgelegt. Ein weiteres Ereignis war der Besuch eines britischen Admirals, der hier beim Betreten des Decks vom Kommandanten begrüßt wird. Hinter dem Kommandanten die Fallreepsgäste, im Vordergrund die präsentierende Ehrenwache, an der Reling drei »Seite pfeifende« Bootsmannsmaate bzw. Matrosen. Der Admiral in der international üblichen Galauniform, Gehrock, Zweispitz, Epauletten, große Ordensschnalle und Säbel. Die Zahl der Fallreepsgäste ist stets unterschiedlich, sie richtet sich nach dem Rang und der Stellung des Besuchenden.

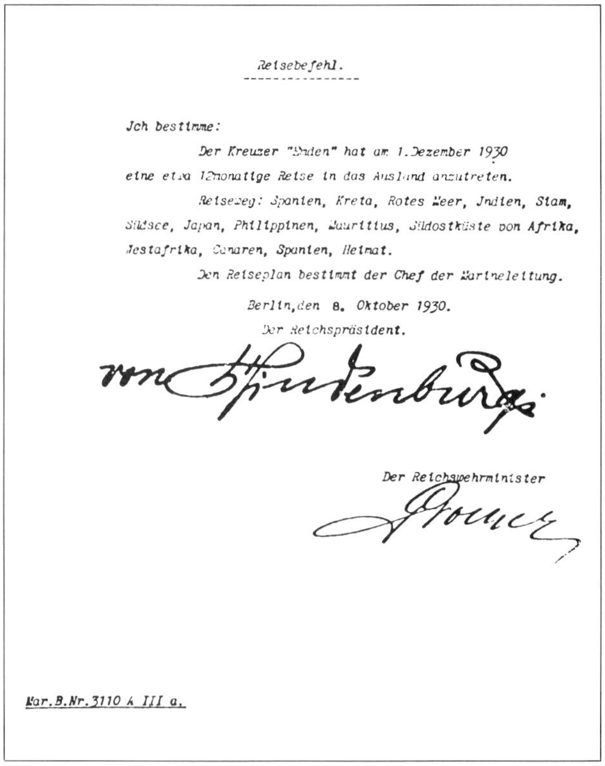

Reisebefehl.

Jch bestimme:

Der Kreuzer "Emden" hat am 1. Dezember 1930 eine etwa 12monatige Reise in das Ausland anzutreten.

Reiseweg: Spanien, Kreta, Rotes Meer, Jndien, Siam, Südsee, Japan, Philippinen, Mauritius, Südostküste von Afrika, Westafrika, Canaren, Spanien, Heimat.

Den Reiseplan bestimmt der Chef der Marineleitung.

Berlin, den 8. Oktober 1930.

Der Reichspräsident.

Der Reichswehrminister

Mar.B.Nr.3110 A III a.

△
Mit einem neuen Reisebefehl wurde der Kreuzer am 1. Dezember 1930 erneut auf eine einjährige Weltreise geschickt. Die Route ist aus der Aufstellung (rechter Kasten) zu entnehmen. Neuer Kommandant war FKpt Witthoeft-Emden. ▷

Und so ging es in der Maschinenanlage zu. Hier eine Aufnahme, die Heizer vor dem Kohlenkesseln zeigt. Zu jener Zeit gab es noch nicht die mit Kriegsbeginn eingeführten »Schiffchen« (Bordmützen), im allgemeinen Borddienst bzw. Maschinendienst wurden Tellermützen getragen.
▽

Reiseroute der IV. Auslandsreise Kreuzer »Emden«

I. Reiseabschnitt

Wilhelmshaven	1.12.1930
1. Vigo (Spanien)	5.12.1930
2. Sudabucht auf Kreta (Griechenland)	24.12.1930
3. Port Said (Ägypten)	4. 1.1931
4. Aden (Britisch-Arabien)	11. 1.1931

II. Reiseabschnitt

5. Cochin (Vorderindien)	21. 1.1931
6. Colombo auf Insel Ceylon (Brit.)	28. 1.1931
7. Trinkomali auf Insel Ceylon (Brit.)	4. 2.1931
8. Port Blair auf den Ademan-Inseln (Brit.)	13. 2.1931
9. Sabang (Insel Sumatra) (Holländisch-Indien)	19. 2.1931
10. Paknam – Reede bei Bangkok (Siam)	6. 3.1931
11. Miri auf Borneo (Brit.)	20. 3.1931
Vicktoria-Hafen auf Labuan (Borneo)	21. 3.1931

III. Reiseabschnitt

12. Manila auf den Philipinnen (USA)	2. 4.1931
13. Nanking (China)	15. 4.1931
14. Shanghai (China)	21. 4.1931
15. Nagasaki (Japan)	30. 4.1931
16. Osaka (Japan)	16. 5.1931
17. Miayjima (Japan)	23. 5.1931
18. Tsuruga (Japan)	1. 6.1931
19. Hakodate (Japan)	10. 6.1931
20. Otaru (Japan)	12. 6.1931
21. Yokohama (Japan)	24. 6.1931
22. Apra – Hafen auf Guam (USA)	16. 7.1931
23. Batavia (Insel Java) (Holländisch)	30. 7.1931

IV. Reiseabschnitt

24. Mauritius (Brit.)	18. 8.1931
25. Durban (Südafrika)	1. 9.1931
26. East-London (Südafrika)	4. 9.1931
27. Lobito (Port. Angola)	23. 9.1931
28. Loanda (Port. Angola)	26. 9.1931
29. St. Isabel auf Fernando Poo (Spanien)	5.10.1931
30. Lagos (Brit. Nigeria)	12.10.1931
31. Freetown (Brit.)	24.10.1931
32. St. Vincent (Kap Verden) (Portug.)	2.11.1931
33. Las Palmas (Canaren) (Spanien)	6.11.1931
34. Santander (Spanien)	22.11.1931
35. Schillig Reede	7.12.1931
36. Einlaufen Wilhelmshaven	8.12.1931

△
Die *Emden* in Flensburg. Nach Abschluß der ersten vier Reisen trat sie zur Flotte. Auf der Anhöhe erhebt sich die bugartige Marineschule, die Ausbildungsstätte der deutschen Marineoffiziere.

◁ *Emden* in Rauch gehüllt. Im stummelartigen Großmast weht die britische Kriegsflagge, das »White Ensign«, die an Oberdeck befindlichen Soldaten tragen anscheinend Uniformen, die britisch sein sollen. Das Schiff hat eine Bb-Schlagseite, die Geschütze sind ebenfalls nach Bb gedreht. Es handelt sich um eine Aufnahme, wo der Kreuzer als Statist (britisches Kriegsschiff) in einem Film mitwirkt. Filme, die das Geschehen des Ersten Weltkrieges und anderer Kriege darstellten, wurden Ende der 20er Jahre und in den 30er Jahren in großer Zahl hergestellt: Hier bei den Dreharbeiten zu dem U-Bootfilm »Morgenrot«.

18. März 1933. Kurz vor der Außerdienststellung des Kreuzers wurde ihm in feierlicher Form das Namensschild des ersten Kreuzers *Emden* übergeben. Die Handlung nahm der erste Kommandant des Kreuzers, der jetzige Stations-Chef der Nordsee (später II. AdN), VAdm Foerster, vor. Links hinter ihm der letzte Kommandant vor der Außerdienststellung, FKpt Graßmann. Das vor der Enthüllung mit der alten Kriegsflagge bedeckte Namensschild ist bereits freigelegt. Es wurde danach am Kreuzer angebracht. Der Kreuzer führte übrigens noch weitere Traditionszeichen an Bord. Außer dem Eisernen Kreuz und dem Namensschild waren an der Vorkante Brücke weitere Schilder befestigt, auf denen die Namen »Indischer Ozean«, »Penang«, »Cocos-Inseln« und »Oesel« standen (letzterer in Erinnerung an den Kriegseinsatz der *Emden* [II]). Bei der Übergabe des Schildes waren auch in Wilhelmshaven wohnende alte *Emden*-Fahrer anwesend, so die Marineingenieure a. D. Opitz, Frikke, Flock, der Leitende Ingenieur a. D. Fischer, der Oberstückmeistersmaat Bilsnack, der Oberheizer Sage und Heizer Lange. ◁

29. September 1934, die *Emden* stellt wieder in Dienst. Die Besatzung ist auf der Schanz angetreten, die Offiziere und die Ehrenwache (während der Flaggenhissung mit präsentiertem Gewehr) auf dem Aufbaudeck. Der Kommandant steht auf dem Podest. Sichtbar der Wasserliniengürtelpanzer, der sich vor dem herabgeklappten Schraubenschutz klar abzeichnet. Zwischen dem dritten und vierten Bullauge von hinten, unmittelbar unter der Kante der Hauptdecks, das Stb-Namensschild des Kreuzers. Am Heck sitzt das neue »Hoheitsabzeichen«. Während alle großen Einheiten dieses Zeichen am Heck trugen, führten es alle anderen an der Vorkante Brücke. Mit Kriegsausbruch 1939 wurden die Zeichen bei den großen Schiffen überwiegend entfernt, desgleichen alle Wappen. Es war in der deutschen Marine allgemein üblich – und das nicht nur bei dieser – daß Kriegsschiffe für längere Werftliegezeiten außer Dienst stellten. In den meisten Fällen bildete dann die aussteigende Besatzung zugleich den Stamm für ein anderes Schiff, dessen Indienststellung bevorstand, oder die am gleichen Tage stattfand.
▽

△
Die Wiederindienststellung ist noch nicht erfolgt, der Kreuzer befindet sich noch in der Endausrüstung. Während dieser Zeit wurden auch die Standproben der Maschinenanlagen durchgeführt, hier sind die vorderen Kessel in Betrieb. Hinter dem Kreuzer der »Lange Heinrich«, das Wahrzeichen der Marinewerft Wilhelmshaven.

Indienststellung des Kreuzers "EMDEN".

Am 29. September 1934, vormittags um 10⁰⁰ Uhr, wurde der Kreuzer Emden wieder in Dienst gestellt. Dabei hielt der Kommandant, Fregattenkapitän D ö n i t z, folgende Ansprache:

Soldaten der Emden!

Wir sind hier angetreten, um unser schönes Schiff heute in Dienst zu stellen, um auf Kreuzer Emden wieder Flagge und Wimpel zu setzen. So wird auf dem stählernen Schiff durch die neue Besatzung wieder ein Schiff mit Leben, Blut und Seele, so wird durch das Setzen unserer stolzen Flagge das Schiff wieder ein Teil der bewaffneten Macht, der Wehrmacht unseres deutschen Vaterlandes.

Wir alle wissen, welch' grosses, hehres Vermächtnis jeder von uns zu wahren hat, jeder, der zur Besatzung dieses Schiffes gehört, das den Namen "Emden" trägt.

Es ist der dritte Kreuzer dieses Namens.

Die erste Emden hat unter der kühnen Führung ihres Kommandanten Karl von Müller, alleingestellt auf einsamen Posten, im Kriege unsterblichen Weltruhm gewonnen durch ihre stolzen Taten im Indischen- Ozean. Der Name Emden wurde voll freudiger Begeisterung von allen deutschen Zungen genannt -- er war der Schrekken unserer Feinde, er wurde von aller Welt bewundert, und noch heute hat er auch im weiten Ausland Ansehen und einen guten Klang. Für alle Zeiten ist er in die Geschichte des Seekrieges eingeschrieben. In heldenhaftem Kampfe ist die erste Emden einem überlegenen Gegner erlegen.

Die zweite Emden hat als Machtteil unserer grossen fechtenden Flotte in der Heimat geholfen, die uneingeschränkte Seeherrschaft in der Ostsee zu erringen, sie hat in harten Kriegsjahren ihre Aufgabe in der Nordsee erfüllt und ist, vom Feinde unbesiegt, mit wehender Flagge von ihrer Besatzung versenkt worden, um der Schmach und Schande der Auslieferung zu entgehen.

Und nun unser stolzes Schiff, die dritte Emden! Sie hat nach dem Kriege in der weiten Welt gezeugt von deutscher Tüchtigkeit, von Sitte, Zucht und Ordnung des deutschen Volkes, von deutschem Soldatentum, und hat dadurch geworben für das deutsche Ansehen in der Welt und gegen Verleumdung und Hass der Welt gekämpft.

So haben wir über die Ehre eines stolzen Namens zu wachen, so wollen wir selbstbewusst und doch bescheiden die Soldaten dieses Kreuzers sein und mit heissem Herzen und Wollen unserm im neuen Deutschland geeinten Volk, unserem Vaterland, unserm bewunderten Führer dienen, unter bedingungslosem Einsatz unserer Person.

Das geloben wir in dieser Stunde unserem Führer, indem wir rufen: "Unser Führer Adolf Hitler Hurra!"

Unter präsentiertem Gewehr der Ehrenwache spielt die Musik das Deutschland- und Horst- Wessellied.

Darauf folgt das Kommando: "Heiss Flagge und Wimpel!"

Während die Musik den Präsentiermarsch spielt, entfaltet sich langsam und majestätisch die Kriegsflagge. Am vorderen Mast steigt der Kommandantenwimpel empor.

-- Emden ist in Dienst gestellt. --

Reise - Befehl.

Der Kreuzer "Emden" hat am 10.November 1934 eine 8-monatige Reise in das Ausland anzutreten.

Reiseweg: Kanaren, Kap Verde-Jnseln, West- und Ostküste von Südafrika, Seychellen, Ceylon, Britisch Jndien, Mittelmeer, Schwarzes Meer, Spanien.

Den Reiseplan stellt der Chef der Marineleitung auf.

Berlin,den 21.September 1934.

Der Führer und Reichskanzler.

gz Hitler

Blomberg

△ Der Reisebefehl für die 5. Weltreise 1934/35, unterzeichnet von Adolf Hitler. Nach dem Tode des Reichspräsidenten von Hindenburg am 2. 8. 1934 hatte Hitler als »Führer und Reichskanzler« auch die Aufgaben des Staatsoberhauptes und damit den obersten Befehl über die Reichswehr übernommen.

Oben: Der Reiseweg des Kreuzers. ▷

Unten: 10. November 1934, *Emden* in der Schleuse, die Pier ist schwarz von Menschen. Die Reise beginnt. Hinter dem Kreuzer die beiden Panzerschiffe *Admiral Scheer* und *Admiral Graf Spee* (letztere noch in der Ausrüstung).

◁ Das Indienststellungsprogramm mit der kurzen Ansprache des Kommandanten.

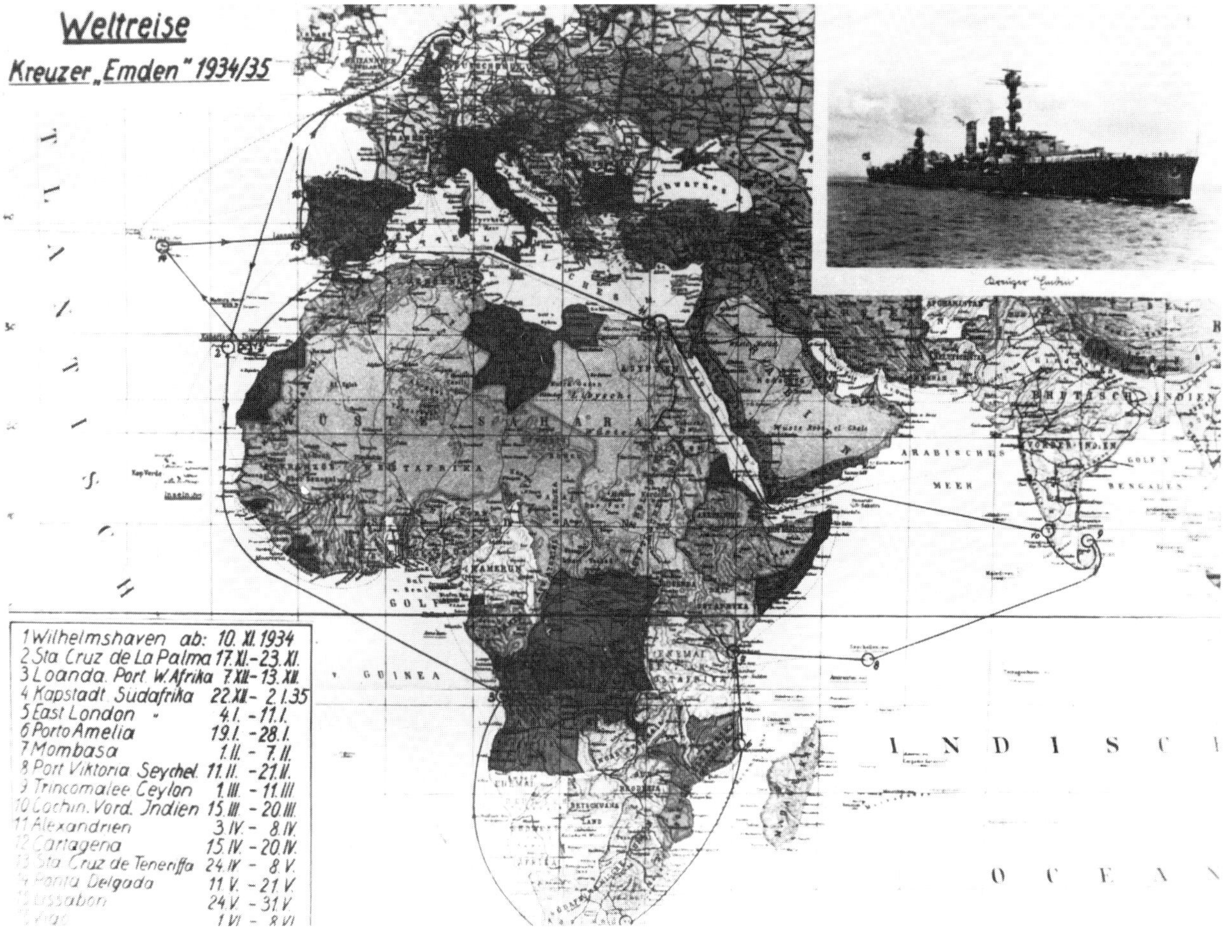
Weltreise
Kreuzer „Emden" 1934/35
ARABISCHES MEER
1 Wilhelmshaven ab: 10. XI. 1934
2 Sta. Cruz de La Palma 17. XI. – 23. XI.
3 Loanda. Port. W. Afrika 7. XII – 13. XII.
4 Kapstadt. Südafrika 22. XII – 2. I. 35
5 East London " 4. I. – 11. I.
6 Porto Amelia 19. I. – 28. I.
7 Mombasa 1. II. – 7. II.
8 Port Viktoria Seychel. 11. II. – 21. II.
9 Trincomalee Ceylon 1. III. – 11. III.
10 Cochin. Vord. Indien 15. III. – 20. III.
11 Alexandrien 3. IV. – 8. IV.
12 Cartagena 15. IV. – 20. IV.
13 Sta. Cruz de Teneriffa 24. IV. – 8. V.
14 Ponta Delgada 11. V. – 21. V.
15 Lissabon 24. V. – 31. V.

Emden verläßt die Dritte Einfahrt, auf der Pier die winkende Menge. Bis auf die sich auf »Manöverstation« befindlichen ▷ Soldaten ist die übrige – wachfreie – Besatzung auf den einzelnen Decks angetreten und erwidert die Grüße von Land. Vor dem Bb-Bug der *Emden* liegt der Leichte Kreuzer *Leipzig*, dessen Besatzung zum Abschied ebenfalls an Oberdeck angetreten ist. Bei der *Emden* gut zu erkennen: Der »verstümmelte« Großmast, der nur noch die Funktion eines Scheinwerferträgers hat, der neu installierte Ladebaum, die aufgebaute Hütte davor und die jetzt kürzeren Schornsteine. Als Zeichen, daß keine Kohlen mehr verfeuert werden, es kommt kein schwarzer Rauch mehr aus den Schornsteinen.

Der Kommandant, FKpt Karl Dönitz. Der Kreuzer befindet sich hier schon in südlichen Gefilden, denn er trägt die weiße Uniform. An der Mütze über der Kokarde das neue Hoheitsabzeichen, dieses auch auf der Brustseite rechts. Er trägt die große Ordensschnalle, darunter das Eiserne Kreuz des Ersten Weltkrieges und das U-Boot-Kriegsabzeichen. An der linken Seite hängt der Offiziersdolch. Da sich vor ihm ein Mikrophon befindet, scheint es sich um eine Musterung der Besatzung zu handeln oder um ein Interview im Ausland.

Dönitz blieb nur für die Dauer etwa eines Jahres Kommandant des Kreuzers. Nach Rückkehr von dieser Reise wurde er versetzt und übernahm das Kommando und die Ausbildung der neu geschaffenen U-Boot-Waffe, der er seinen persönlichen Stempel aufdrückte. Die U-Boot-Fahrer nannten ihn später auch den »Großen Löwen«, und unter seiner Führung gelangte die deutsche U-Boot-Waffe zu ihren größten Erfolgen, aber sie erlebte auch die bittere Niederlage gegen den übermächtigen Gegner, die hohe Opfer forderte. Als BdU übernahm Dönitz 1943 vom scheidenden Oberbefehlshaber der Kriegsmarine, Großadmiral Raeder, die Führung der Marine und wurde schließlich bei Kriegsende – Hitler hatte Selbstmord begangen – dessen Nachfolger als Staatsoberhaupt. Nach dem Kriege von den Siegermächten gefangen genommen, wurde er als »Kriegsverbrecher« in Nürnberg vor Gericht gestellt und zu zehn Jahren Gefängnis verurteilt. Am 1. Oktober 1956 war er wieder frei. Von den ehemaligen Angehörigen der Kriegsmarine geachtet und von »seinen Männern« nach wie vor verehrt, lebte der Großadmiral seitdem zurückgezogen in Aumühle und betätigte sich schriftstellerisch. Sein Hauptwerk »Zehn Jahre und 20 Tage« wurde weltberühmt und in viele Sprachen übersetzt. Karl Dönitz starb nach schwerer Krankheit am 24. November 1980 im Alter von 89 Jahren. Sein Begräbnis war ein stilles aber eindrucksvolles »letztes Antreten« der ehemaligen Angehörigen der U-Boot-Waffe und anderer alter Soldaten der Kriegsmarine.

Emden in Kapstadt, wo sie über die Weihnachtstage 1934 ▷ lag und den Jahreswechsel erlebte. Trotz der Jahreszeit scheint es hier wesentlich wärmer zu sein als in den heimatlichen Gefilden, auf der Back und Schanz sind die Sonnensegel gespannt, das Achterschiff ist zusätzlich an den Seiten verkleidet (die großen Empfänge fanden immer auf dem Achterdeck statt).

Die letzte Auslandsreise führte den Kreuzer nochmals ins ▷ Mittelmeer. Anläßlich der Einweihung eines Ehrenmals für das im Jahre 1916 im Schwarzen Meer gesunkene deutsche U-Boot *UB 45* nahm der Kreuzer an dem dafür stattfindenden Feierlichkeiten in Varna/Bulgarien (12.–18. 11. 1938) teil. Die Aufnahme zeigt den bulgarischen Zaren, König Boris, bei einem Besuch an Bord. Rechts hinter ihm ein bulgarischer Marineoffizier als Adjudant.

Das Offizierskorps des Kreuzers in Galauniform, mit Zweispitz, Epauletten, großer Ordensschnalle und Säbel. Erst ab OLtzS zierten Fransen die Epauletteoberteile. Ein Mitglied dieser Gruppe (von rechts der siebente) trägt eine Schirmmütze mit Kordel. Während die Offiziere (ab 1936) eine goldene Stickerei auf den Mützenschirmen trugen, besaßen Marinebeamte diese nicht. Sie trugen anstelle dessen eine Silberkordel, und alle Knöpfe waren ebenfalls in Silber. Auf diesem Bild steht in der Mitte KptzS Lohmann, 1936–1938 Kommandant der *Emden*. ▷

Emden etwa 1937/38. Gut erkennbar der neue Bug.
▽

◁ Äquatortaufe: Am Vorabend des 7. März 1929 erschien mit dem Ruf »Schiff ahoi« der Admiral des seebeherrschenden Neptun, Triton, an Bord. Am Nachmittag des folgenden Tages wurde dann unter Vorsitz Neptuns, in Anwesenheit seiner Gattin Thetis, die Taufe vollzogen. Die Taufe gilt all denen, die den Äquator erstmals überfahren.
Nach vollzogener Taufe wird eine Urkunde ausgehändigt, es werden »Orden« und Geschenke verteilt. Die Urkunde gilt für alle Zeiten, aber man muß sie immer mitführen, sonst wird man erneut getauft. Die Taufe war gewissermaßen eine »Reinwaschung«.
Natürlich ergab es sich dabei, daß man seine besonderen »Lieblinge« hatte, bei denen die Prozedur etwas länger dauerte, denen man sich etwas intensiver widmete, man erteilte ihnen praktisch eine kleine Lektion, weil sie im normalen Bordleben nicht so ganz »spurten« – aber es blieb alles im Rahmen und machte allen Beteiligten einen Riesenspaß, wenn auch manchen Täuflingen weniger.
Das Bild zeigt Neptun mit seiner Gemahlin Triton (die natürlich – wie alle anderen auch – von einem Besatzungsmitglied dargestellt wurde).

◁ Die Trabanten des Neptun, die später bei der Durchführung der Taufe Sorge trugen, daß alles richtig ablief. Im Vordergrund das »Ordenskissen« des Neptun.

Unten links: Der Astronom sucht die Linie (gemeint ist die Äquatorlinie), in diesem Falle nur symbolisch zu sehen. Das Fernglas besteht aus zwei zusammengebundenen – wie sollte es anders sein – Flaschen.

Der Teufel verliest die Paragraphen für den Ablauf der Taufe.
▽

Die Taufe. Der Täufling erhält zuerst eine Medizin, eine Mixtur aus undefinierbaren Zutaten. Dann erfolgt die Rasur, dann die Reinigung im Bad, er wird in das Becken dahinter gekippt und tüchtig (mehrmals, je nach Schwere der Sünden) untergetaucht. Dann muß er durch einen langen Schlauch kriechen, wobei er noch ein wenig durch Schläge angetrieben wird. Am Ende erwartet ihn dann noch ein kräftiger (oder mehrere) Wasserstrahl. Dann hat er es überstanden.
Den Abschluß bildet ein Bordfest.

△
Emden im Krieg. Die eine Aufnahme wurde in der Ostsee (etwa 1941) gemacht, die andere offensichtlich in den Schären der norwegischen Gewässer, ebenfalls 1940/41. Das Funkmeßgerät ist noch nicht eingebaut, das Schiff trägt den Tarnanstrich, der bis etwa 1942 für alle im Ostseeraum operierenden deutschen Einheiten gültig war. Ab 1942 hatte der Kreuzer dann einen anderen Anstrich, der praktisch bis zum Ende getragen wurde. Er war dann dunkel-eisengrau über alles, jedoch waren Heck und Bugsektion hellgrau gehalten, was eine scheinbare Verkürzung der Silhouette (von seiten des Gegners) bewirken sollte.

Oben: 7. November 1942. Einweihung der Raeder-Schleuse (4. Einfahrt). Auf der Pier die angetretene Ehrenformation – ▷ angesichts der Kriegsereignisse nicht mehr so pompös – aus Marineartilleristen bestehend. Die Einweihung fand in Anwesenheit des ObdM, Großadmiral Raeder, statt. Es war zugleich sein letztes großes Auftreten bei der Marine, und auch der letzte Besuch an Bord eines größeren Schiffes. *Emden* war aber auch das einzige große Schiff, das die Schleuse im Kriege je benutzt hat. Von der Schleuse selbst wurde nur eine Kammer fertig, die zweite war noch durch einen Damm gesperrt; in ihr versenkten sich bei Kriegsende eine große Anzahl U-Boote.

Unten: Das Wrack des Kreuzers *Emden* 1945 in Kiel. Der Schiffskörper ist teilweise noch mit Tarnnetzen überzogen, aber trotzdem sind die Bombenschäden zu erkennen. An Bb in der Back ein großes Loch, mittschiffs schwere Schäden, der vordere Schornstein ist umgeknickt. Das »Wrack« in die Heikendorfer Bucht geschleppt, wurde auf Grund gesetzt und später gesprengt.

RAEDER-SCHLEUSE

Die Fregatte Emden (Klasse 120)

Allgemeine Vorgeschichte

Am 4. Mai 1945 kapitulierten die deutschen Truppen im Nordraum (gegenüber den Briten), drei Tage später die gesamte deutsche Wehrmacht in Reims (gegenüber dem Oberkommandierenden der alliierten Streitkräfte, General Eisenhower). Aber obwohl bei dieser Gesamtkapitulation auch Vertreter der anderen kriegführenden Staaten, wie der Sowjetunion, zugegen waren, bestand letztere darauf, daß die Zeremonie nochmals stattfand. So wurde am 8. Mai 1945 alles in Karlshorst bei Berlin wiederholt. Deutschland wurde in vier Besatzungszonen aufgeteilt, am 23. Mai 1945 die Interimsregierung unter Großadmiral Dönitz inhaftiert. Es gab keine deutsche Oberhoheit mehr.

Der Rest der Flotte wurde in den ehemaligen Marinehäfen, wie Wilhelmshaven, Bremerhaven, Flensburg und Kiel, zusammengezogen, Schiffsmaterial wurde, soweit es nicht verwendungsfähig war, instand gesetzt, der Großteil der noch vorhandenen U-Boote versenkt, die anderen Einheiten später unter den Alliierten aufgeteilt.

Aber da gab es das große Problem der noch immer vorhandenen Minenfelder in Ost- und Nordsee, insbesondere in der Nordsee. Es waren schließlich die Briten, die bereits kurz nach der Kapitulation anfingen, unter den Gefangenen, hauptsächlich unter ehemaligen Angehörigen der Kriegsmarine, Freiwillige zu werben, die bereit waren, ehemalige deutsche Kriegsschiffe zu bemannen und dann Minenräumaufgaben wahrzunehmen. Viele zogen diesen Job der tristen Gefangenschaft vor. Immerhin galt es, mehr als 600 000 Minen zu räumen. Im Herbst 1946 umfaßten diese Verbände etwa 840 Fahrzeuge und 27 000 Mann. Als die letzten Verbände 1951 aufgelöst wurden, ahnte noch niemand – am allerwenigsten die Deutschen –, daß diese Fahrzeuge und Besatzungen nur fünf Jahre später den Grundstock einer neuen deutschen Marine bilden würden.

Schon kurz nach dem Zweiten Weltkrieg war es am 4. März 1947 zwischen Großbritannien und Frankreich zum »Pakt von Dünkirchen« gekommen. Ein Beistandsvertrag, der sich in seiner Struktur klar gegen Deutschland richtete. Man wollte einer Wiederholung von 1939/40 vorbeugen. Knapp ein Jahr später wurde dieser Pakt erweitert. Es kam zum »Brüsseler Vertrag«, der am 17. März 1948 unterzeichnet wurde und dem außer den vorgenannten beiden Staaten nun auch die Benelux-Länder (Niederlande, Belgien und Luxemburg) angehörten. Auch dieser Vertrag war an sich als Bündnis gegen Deutschland gedacht.

Der provozierte Umsturz in der Tschechoslowakei 1948, besonders aber der Korea-Krieg (er begann am 25. 6. 1950) führte zu einer schlagartigen Ernüchterung im westlichen Lager, insbesondere in den USA (Churchill, britischer Premierminister bis kurz nach Kriegsschluß, hatte die Lage schon viel früher erkannt und analysiert). Hinzu kamen schon frühere Vorfälle wie der griechische Bürgerkrieg und auch die Berliner Blockade. So kam es am 4. April 1949 zur Unterzeichnung des »Nordatlantischen Vertrages« als Grundlage der NATO.

In den drei westlichen Besetzungszonen wurde den Deutschen ab 1946 zunehmend Selbstverwaltung auf Kommunal-, später auch auf Länderebene gestattet. Das Leben begann sich langsam wieder zu normalisieren.

Es folgte der wirtschaftliche Zusammenschluß der britischen und amerikanischen Besatzungszonen, dem sich später die französische anschloß – alles jedoch unter der Oberhoheit der drei Alliierten Militärregierungen.

Der nächste Schritt war die Bildung des sogenannten »Parlamentarischen Rates«, der sich aus einer Reihe hervorragender Persönlichkeiten aller Parteien zusammensetzte. Dieser erhielt den Auftrag, für ein künftiges Deutschland eine Verfassung auszuarbeiten. Nach Genehmigung der drei (westlichen) Militärgouverneure (am 12. Mai 1949) wurde das »Grundge-

setz« am 23. Mai 1949 verkündet – die Bundesrepublik Deutschland war entstanden. Am 14. August 1949 fanden die ersten Bundestagswahlen statt, am 7. September traten erstmals die Abgeordneten des Bundestages und der Bundesrat zusammen und wählten am 12. September 1949 den ersten Bundespräsidenten. Am 15. September wurde Konrad Adenauer der erste Bundeskanzler und stellte seine Regierung vor. Am 21. September 1949 trat das »Besatzungsstatut« in Kraft, die bisherigen Militärregierungen wurden aufgelöst, die bisherigen Gouverneure nannten sich jetzt »Hohe Kommissare«. Es war nicht überraschend, daß die Russen nachzogen und zwischen dem 7. und 12. Oktober 1949 die »Deutsche Demokratische Republik« – oder wie sie allgemein bezeichnet wird, die DDR, gründeten.
Aufgrund der internationalen Lage fragten bereits Ende 1949 die Hohen Kommissare bei dem deutschen Bundeskanzler an, wie sich die Bundesregierung zu einem »deutschen Verteidigungsbeitrag« stellen würde. Diese Frage ließ sich jedoch nicht übers Knie brechen, denn wenn man auf der einen Seite nach einer Mitwirkung der Deutschen verlangte, so stand auf der anderen Seite die Frage der immer noch stattfindenden Prozesse gegen ehemalige deutsche Soldaten, die immer noch im Raume stehende pauschale Verurteilung der ehemaligen deutschen Wehrmacht, die noch immer andauernde Demontage deutscher Industriewerke, besonders aber der nach allem, was gewesen war, zu begreifende Standpunkt in großen Teilen der Bevölkerung: »Ohne mich«.
Trotzdem trat im Oktober 1950 eine Gruppe von Experten zusammen, die dieses ganze Problem erörterten. Im Dezember 1950 wurde mit der »Dienststelle Blank« eine Institution gegründet, die sich mit einer Wiederbewaffnung Deutschlands – wie immer sie auch aussehen würde – befaßte. Sie wurde dem Bundeskanzler unterstellt.
Zuerst dachte man an eine sogenannte »Europäische Armee«, die sich aus Angehörigen aller Staaten einschließlich der Bundesrepublik zusammensetzen sollte. Die Vorarbeiten dazu liefen auf Hochtouren, und am 27. Mai 1952 wurde der EVG-Vertrag unterzeichnet. Daß daraus nichts wurde, lag daran, daß sich das französische Parlament – die Nationalversammlung – am 30. August 1954 weigerte, diesen Vertrag zu ratifizieren.
Es war schließlich Großbritannien, das den Ausweg aus dieser verfahrenen Situation vorzeichnete. Es schlug vor, die Bundesrepublik in die NATO aufzunehmen. So geschah es dann auch. Am 9. Mai 1955 wurde Deutschland Mitglied der NATO, nachdem am 6. Mai die »Pariser Verträge« abgeschlossen worden waren. Nun erst war Deutschland fast wieder souverän, auch die »Hohen Kommissare« traten ab, ab jetzt konnte die Bundesregierung die Bundesrepublik auch nach außen vertreten, der Weg zur Aufstellung einer Bundeswehr war frei.
Anzumerken bleibt, daß der Osten politisch prompt nachzog. Die »Sozialistischen Staaten« gründeten den Warschauer Pakt (am 14. Mai 1955), die DDR stellte – nun ohne »Polizei«-Tarnung – die »Nationale Volksarmee« auf (Januar 1956).

Die neue Marine

Aller Anfang war schwer. Schon recht bald verfügte die Marine über einiges schwimmendes Material, das sich zum einen aus Booten des bis dahin bestehenden Seegrenzschutzes und zum anderen aus den Fahrzeugen zusammensetzte, die von der US-Navy aus dem Bestand der LSU abgegeben wurden. Fast alle Einheiten hatten eine lange Indiensthaltungszeit hinter sich, sie stammten größtenteils aus der Zeit der ehemaligen deutschen Kriegsmarine, lediglich einige neuere Patrouillenboote gehörten ebenfalls dazu. Im Laufe der Monate kamen dann Schiffe und Boote hinzu, die von Großbritannien zurückgegeben wurden bzw. von Frankreich zurückgekauft werden mußten. Weitere wurden von den USA geliehen, gekauft und von Großbritannien erworben. Das Neubauprogramm konnte erst langsam anlaufen, denn es fehlte an allem.

Zwischen 1945 und 1955/56 lagen mehr als zehn Jahre. Die deutsche Werftindustrie hatte in diesen Jahren keinerlei Chance gehabt, den Kriegsschiffbau weiter zu entwickeln, außerdem war der Bedarf an Handelsschiffen mehr als groß. Es war also eine große Lücke zu schließen. Zum anderen mußte man erst einmal eine Werft finden, die gewillt war, Kriegsschiffe zu bauen.
Aber auch in den Reihen der Marine und Marinebeamten klafften große Lücken. Ein großer Teil ehemaliger Marinebaubeamter befand sich im Ruhestand, ein anderer Teil war jetzt in der Wirtschaft oder bei anderen Behörden tätig. So war es auch bei den ehemaligen Soldaten. Die größte Rolle spielte aber wohl

der »Ohne Mich«-Standpunkt, zu frisch war noch die Erinnerung an die Zeit der Kapitulation und danach, an die Demütigungen und Erniedrigungen.
Hinzu kam, eine große Zahl ehemaliger Soldaten befand sich noch immer in Gefangenschaft. Es bedurfte schon einer sorgfältigen psychologischen Vorbereitung, um diesen Männern das »dienen« wieder schmackhaft zu machen. Ein erster Schritt in dieser Richtung waren die Ehrenerklärungen, die am 23. Januar 1951 sowohl vom NATO-Oberbefehlshaber, General Eisenhower, gegenüber der Bundesregierung, als auch vom deutschen Bundeskanzler vor dem Deutschen Bundestag abgegeben wurden (5. April 1951) und die nachfolgende beginnende Entlassung inhaftierter Soldaten aus westlichem Gewahrsam bis zum Sommer 1952.
Und da war das immer wieder neu aufflackernde Mißtrauen der westlichen Nachbarn, insbesondere Frankreichs, obwohl man nun verbündet war. Es war nur natürlich, daß sich die Bundesrepublik freiwillig dazu bereit erklärte, auf bestimmte Waffen zu verzichten, die Größe anderer zu limitieren und auch auf anderen Gebieten auf manches von vornherein keinen Wert zu legen. Es hatte sowieso langer zäher Verhandlungen bedurft, bis man die Partner davon überzeugt hatte, daß man auch eine deutsche Marine benötigte – die Stimmen dagegen kamen nicht nur aus dem Ausland. Dabei war die Zuteilung der Aufgaben an die neue Marine – zuerst noch »Bundesmarine« genannt – ganz klar umrissen, nämlich:

- □ Schutz der Ostseezugänge,
- □ Einwirken auf gegnerische Seeverbindungen,
- □ Sicherung des eigenen Seeverkehrs.

Bis zur endgültigen Festlegung der Stärke und des Umfangs dieser Marine gab es mancherlei Vorschläge, schließlich wurde aus ihr das, was sie heute ist.

Die Fregatte Klasse 120

Aus der Festlegung der Aufgaben der Bundesmarine – im Rahmen der NATO – läßt sich auch klar erkennen, welche Schiffs- und Bootstypen für sie in Frage kamen. Anfängliche Bedenken gegen Zerstörer und U-Boote wurden recht bald fallengelassen, lediglich in der Größe der U-Boote legte sich die Marine selbst einige Beschränkungen auf.
Mit dem Bau dieser Schiffe hatte die Marine, aber auch die Bauwerft, einschließlich ihrer Konstrukteure gewissermaßen einen Sprung über zehn Jahre zu vollziehen, um dabei wieder Anschluß an die Entwicklung des Kriegsschiffbaus der Nationen zu gewinnen, deren Kriegsschiffbau nie unterbrochen worden war. Die Einheiten der *Köln*-Klasse bedurften zwar nur ein Jahr der Planung, d. h. vom ersten Entwurf bis zur endgültigen Bauvorschrift, aber es folgten jeweils vier Jahre Bauzeit. Das kam durch die stürmische Entwicklung der Technik gerade in diesen Jahren, und man wollte ja möglichst das Modernste erhalten. Es ergaben sich während des Baus viele Änderungen. Da man sich schwer tat, für zusätzliche Einbauten auf anderes zu verzichten, traten gewisse Schwierigkeiten auf. Insbesondere die Stabilität wurde kritisch. Das Problem wurde später zwar etwas bereinigt, aber nie ganz beseitigt. So blieben z. B. Brennstoffverbrauchsbeschränkungen bis heute bestehen.
Bauwerft wurde H. C. Stülcken u. Sohn, Hamburg. Nachdem der Bauauftrag im März 1957 erteilt worden war, erfolgte die Kiellegung der *Emden* am 15. April 1958. Sie war das zweite Schiff einer Serie von sechs Einheiten, die seinerzeit noch als »Geleitboot 55« bezeichnet wurden. Alle Schiffe erhielten Städtenamen. Es waren Namen, die schon zuvor von deutschen Kriegsschiffen geführt worden waren, nämlich *Köln, Emden, Augsburg, Karlsruhe, Lübeck* und *Braunschweig*. Sie bildeten das 2. Geleitgeschwader, dessen erster Heimathafen Cuxhaven war und endgültig Wilhelmshaven wurde.

Allgemeines: Es sind Zweiwellenschiffe, die nach dem Längs- und Querspantensystem gebaut sind. Der Vorsteven ist mit einem Decksprung versehen. Das Vorschiff hat einen Knickspant. Der Schiffskörper besteht aus Schiffbaustahl ST 52 und teilweise höherer Festigkeit. Das Hauptdeck ist ebenfalls aus Stahl gefertigt. Die Decks und Aufbauten über dem Hauptdeck bestehen aus Leichtmetall, allerdings befinden sich im Bereich der Waffenunterbauten Stahlverstrebungen als Verstärkung. Als Konstruktionsdaten wurden festgelegt:

Kontruktionsverdrängung	2300 t
Länge (über alles)	109,50 m
Länge (cwl)	105,00 m
Breite	11,00 m
Seitenhöhe (mittschiffs)	6,50 m
Konstruktionstiefgang (durchschnittlich)	3,50 m

Konzeption der Führung der Bundesmarine und der sich daraus ergebenden Erziehung der Schiffsoffiziere gesucht werden. Sie wollten wohl wieder einmal demonstrieren, daß die Ostsee ›ihr Meer‹ sei. In ihrem Bestreben, Stärke zu dokumentieren, schreckten die Offiziere der Bundesmarine auch nicht vor solchen Provokationen zurück, wie dem Steuern eines äußerst gefährlichen Kurses, der schließlich zur Havarie führte, wobei bedenkenlos Menschenleben gefährdet wurden.« (Marine-Kalender der DDR, 1976). Man könnte darüber so hinweggehen, aber da jedes Ding zwei Seiten hat, bleiben doch einige Fragen offen. Die Havarieakten der *Emden* weisen mit Sicherheit ebenfalls bestimmte Feststellungen auf, die die Kollision in einem anderen Licht erscheinen lassen. Außerdem bleibt die bescheidene Anfrage, ob es wohl ratsam ist, auch bei dickem Nebel in einem größeren Verband zu fischen, zumal es sich – wie bekannt – um ein stark befahrenes Gebiet handelt.
Die Feststellung, daß es sich um eine Provokation handelte, ist geradezu lächerlich.
Soweit zur Kollision der *Emden*. Eines ist ganz klar hervorzuheben: Die Ostsee gehört keinem. Jeder Staat der Welt hat das Recht, sie zu befahren, auch die Bundesrepublik Deutschland, und die Vorschriften des internationalen Seerechts gelten für alle. Sie bedürfen keiner Auslegung zugunsten des einen oder anderen.
Am 6. Februar 1973 übernahm turnusmäßig FKpt Beil die Führung der *Emden*. Ab 5. März gehörte die *Emden* zur STANAVFORLANT, einem Verband, der sich aus Einheiten einzelner NATO-Mitglieder (USA, Großbritannien, Kanada, Niederlande, Norwegen, Portugal und Deutschland) zusammensetzt. Aufgabe dieses in den 60er Jahren neu geschaffenen gemischten Verbandes ist, die Präsenz der NATO im Bereich des Nordraumes der Allianz (und nicht nur dort) zu verdeutlichen, die Zusammengehörigkeit zu unterstreichen, durch gemeinsame Übungen einheitliche Ausbildung zu betreiben, die ständige Einsatzbereitschaft sicherzustellen. Die Zugehörigkeit zu dieser Streitmacht währt in der Regel ein halbes Jahr. Während dieser Zeit befindet sie sich ständig in See, wobei die Häfen der einzelnen Mitgliedstaaten regelmäßig angelaufen werden, die Teilnahme an während dieser Zeit laufenden nationalen oder NATO-Manövern ist selbstverständlich.
Nun also war die *Emden* diesem Verband zugeteilt. Seeklar war in Flensburg, Auslaufen am 5. März, das Ziel war Norfolk/USA. Die Route führte über Portland/Großbritannien, Funchal/Madeira (13./14. März) und Hamilton/Bermudas (23. März). Am 26. März lief *Emden* in Norfolk ein; dort blieb sie bis zum 1. April. Im Verlauf der Reise wurden weitere Häfen in den USA angelaufen, so Newport (einmal Anfang, einmal Mitte April), danach Baltimore und Halifax. In Baltimore erhielt die Fregatte vom dortigen »Deutsch-Amerikanischen Bürgerverein« ein Gemälde des Leichten Kreuzers *Emden* überreicht, das während des Besuches dieses Vorgängers in Baltimore (22. April – 2. Mai 1936) gemalt worden war, also vor 37 Jahren. Mitte Juni wechselte das Einsatzgebiet des Verbandes in kanadische Gewässer, vom 12. – 16. Mai wurde Quebec besucht. Im Anschluß ging es nach der Prince Edward-Insel, Charlottetown wurde besucht. Nach Brennstoffergänzung in Newport führt der Kurs quer über den Atlantik, und nach einem Zwischenaufenthalt in Punta Delgado/Azoren legte das Schiff am 9. Juni wieder in Flensburg an. Die Zugehörigkeit zur STANAVFORLANT war beendet. Nach einer vierwöchigen Zwischeninstandsetzung im MArs Wilhelmshaven kehrte der normale Alltag zurück. Vom 16. Oktober bis 22. November gehörte *Emden* dann zur SEF 4/73, in deren Rahmen sie auch Kopenhagen anlief. Am 8. Januar 1974 kam es nach dem Bruch einer Feuerlöschleitung im Turbinenfahrstand zu einem Wasserschaden. Vom 15.–18. Februar wurde die Patenstadt wieder einmal angelaufen. Am 25. März übergab der Kommandant die Dienstgeschäfte an den IO, FKpt von Bismarck, der für die Dauer der bevorstehenden Depotinstandsetzung als Einheitsführer der reduzierten Besatzung fungierte. Der Werftvorlauf begann am 29. März.
Mit dem 1. April schied *Emden* aus dem Unterstellungsverhältnis des Flottendienstgeschwaders aus und kehrte gewissermaßen in den »Schoß der Familie« zurück, sie gehörte wieder zum 2. GGschw (desgleichen die *Karlsruhe*, die bereits seit dem 1. Oktober 1973 wieder dazu gehörte). Natürlich war nun auch Wilhelmshaven wieder der Heimathafen (das Geschwader hatte im Frühjahr 1968 von Cuxhaven nach Wilhelmshaven verlegt, der Stützpunkt Cuxhaven war aufgelöst worden). Am 13. Mai verlegte die *Emden* nach Bremerhaven in die dortige Reparaturwerft des Norddeutschen Lloyd (heute HAPAG-Lloyd, oder auch kurz HaLo-Werft genannt und »Hauswerft« der Fregatten). Die Überführungsfahrt leitete der *Braunschweig*-Kommandant, FKpt Papsdorf. Die Depotin-

standsetzung begann. Am 1. Juni war eine Besatzungsabordnung Gast der *Emden*-Kameradschaft im Kieler Schloßhotel. Mit dem Einzug der neuen, aufgefüllten Besatzung am 2. Dezember ging die Werftzeit ihrem Ende entgegen, neuer Kommandant wurde FKpt Papsdorf. Vom 16.–19. Dezember war Werftprobefahrt, *Emden* lief danach in Wilhelmshaven ein. Ab 20. Dezember begann der MArs-Nachlauf, am selben Tag wurde dem Kommando eine Gedenkmünze des ersten Kreuzer *Emden* übergeben, Spender war ein Herr Heithölter. Am 30./31. Januar 1975 erfolgte die Probe- und Abnahmefahrt der Antriebsanlage, es war praktisch eine Wiederholung der im Dezember 1974 durchgeführten ersten Werftprobefahrt, die wegen extrem schlechtem Wetter vorzeitig hatte abgebrochen werden müssen. Im Anschluß folgten die übliche Einzelausbildung, aber auch eine Turbinenerprobung sowie ein Artillerieschießabschnitt, bei dem die optisch-dynamischen Kontrollen durchgeführt und die Waffenanlagen endgültig übergeben wurden. Mitte Mai wurde bei der Lehrgruppe Schiffssicherung in Neustadt das Flottenprogramm der Schiffsicherungsausbildung absolviert, und vom 6. bis 8. Juni befand sich die *Emden* im Rahmen des »Wochenende bei der Marine« in Emden. Ende Juni wurde ein Landzielschießen vor Cape Wrath/Schottland durchgeführt (im Rahmen des Manövers »Exercise Bright Boat« gemeinsam mit dem *Zerstörer 5* und dem Zerstörer *Hamburg*). Der anschließende »Flottenurlaub« wurde durch einen kurzen Einsatz als »Bereitschaftsschiff Nordsee« beim Funktionsnachweis für das S-Boot Klasse 143 unterbrochen. Ab Mitte August wurde wieder Ausbildung betrieben, und am 20. August war Seeklarbesichtigung durch den Kdr ZFltl FltlAdm von Holleufer. Dann folgte ein Schießabschnitt mit See- und Luftzielgeschützen. Am 30. August machte die *Emden* eine Gästefahrt mit den CDU-Abgeordneten des Berliner Abgeordnetenhauses. Vom 7.–21. September war *Emden* in Portland beim »BOST (Basis Operational Sea Training)«, und am 13. Oktober lief sie zur ÜAG 115/75 (Auslandsreise/Übung in ausländischen Gewässern) aus. Die Reise war ursprünglich nach Süden geplant, z. B. nach Palma de Mallorca, wurde jedoch wegen der politischen Lage in Spanien nach Norden umgeleitet. So wurden unter anderem der Esefjord/Norwegen und Trondheim angelaufen und auf der Rückreise Den Helder/Niederlande. Am 7. November folgte eine Stippvisite in Portland. Am 8. November war der Verband zurück in Wilhelmshaven. Die Führung lag in Händen des GschwKdr, KptzS Kähler, der am 1. Oktober den bisherigen Kommandeur KptzS Harre, abgelöst hatte. Vom 21. November bis 3. Dezember gehörte die Fregatte zur SEF 4/75, am 5. Dezember war sie zurück in Wilhelmshaven. Mitte des Monats war noch ein Luft- und Seezielschießen, dann Ruhe. Im Jahr 1975 hatte die *Emden* in den Monaten April bis Dezember in 84 Seetagen insgesamt 14 228,2 sm zurückgelegt.

Das Jahr 1976 begann mit der üblichen Einzelausbildung und einem Funktionsschießen. Wegen der orkanartigen Stürme und herrschenden Sturmflut trat am 20./21. Januar eine kurze Unterbrechung ein. Dann wurde die Ausbildung fortgesetzt, jetzt im Geschwaderverband, gemeinsam mit *Lübeck* und *Karlsruhe*. Im Februar wurde ein Luft- und Seezielschießen durchgeführt. Während dieser Zeit machte der Sohn eines der ehemaligen Torpedooffiziere des Kleinen Kreuzers *Emden* (LtzS Franz Joseph Prinz von Hohenzollern), der KKpt d.R. Meinrad Prinz von Hohenzollern-Emden eine Wehrübung auf der *Emden*. Zwischen dem 17. Februar und 10. März nahm die Fregatte an der SEF 1/76 teil. Der Leiter, KptzS Flentge (Kdr 2. ZGschw), war auf der *Emden* als Führungsschiff eingeschifft.

Eine ab Mitte März bis zum Juni eingeplante Werftliegezeit wurde aus Haushaltsgründen auf Dezember verschoben. Daher wurden notwendige Instandsetzungen mit Stützpunktmitteln durchgeführt, wobei das Marinearsenal kräftig half. Der Sommer war angefüllt mit Einzelausbildung, Schießabschnitt und Versorgungsübungen in See, gemeinsam mit dem Kleinen Versorger *Nienburg* und dem Großen Betriebsstofftransporter *Harz*. Dann schloß sich eine Schiffsicherungsausbildung in der Ostsee an. Am 17. August war *Emden* wieder in Wilhelmshaven. Von dort aus sollte eine neue ÜAG (115/76) starten (die »BOST« in Portland wurde wegen unvorhergesehener Reparaturen zunächst verschoben, dann ganz aufgehoben). Die für den 1. Dezember vorgesehene (verschobene Werftliegezeit) Zwischeninstandsetzung wurde vorverlegt. Am 29. November 1976 wurden eine Reihe von Traditionsgegenständen aus dem Besitz der Familie des Prinzen von Hohenzollern-Emden an das Kommando Fregatte *Emden* übergeben. Zu den übergebenen Traditionsstücken gehörte unter anderem ein Gemälde des Marinemalers Claus Bergen, das den Untergang der *Emden* [I] darstellt, das 1925 vom

Vater des wehrübenden Prinzen verfaßte Buch über die *Emden* [I] und das silberne Kolonialabzeichen aus dem Besitz des Vaters. Am 30. November wurde in Anwesenheit des Geschwaderkommandeurs, KptzS Kähler, der Kommandant, FKpt Papsdorf, verabschiedet, neuer Kommandant wurde KKpt Peschties, welcher einen Tag später zum FKpt befördert wurde. Am 16. Dezember fand die Werftprobefahrt statt.

Im Jahre 1976 hatte *Emden* nur 3777 sm zurückgelegt. Während der Werftzeit feierte die *Emden* auch ihren 15jährigen Geburtstag (seit ihrer ersten Indienststellung). In den vergangenen 15 Jahren hatte sie insgesamt ca. 185 000 sm zurückgelegt, dabei 15 Länder und Kontinente angelaufen und 49 Auslandshäfen besucht.

Ab 7. Januar 1977 verholte *Emden* wieder ins Marinearsenal Wilhelmshaven, jetzt ging es um die Überholung der Feuerleitanlagen. Ab 14. Februar lag sie wieder im Vorhafen, und dann begann erneut die übliche Einzelausbildung, bis sie vom 27. Februar bis zum 2. März Mitglied der SEF 1/77 wurde, in deren Verlauf auch eine viertägige »AFOST« sowie ein viertägiges OPDYN durchgeführt wurde. Vom 10. März bis zum 6. April kam es zu einer Zwangspause. Die Antriebsmotorenanlage war ausgefallen, die Reparaturen waren umständlich und vor allem zeitraubend. Während dieser Zeit fand am 31. März auf der *Emden* der Wechsel des Geschwaderkommandeurs statt, KptzS Kähler wurde durch KptzS Ehrensberger abgelöst. Nach der beendeten Reparatur verlegte das Schiff Mitte April zur Schiffsicherungsausbildung in die Ostsee und vom 10. Mai bis 14. Juni nahm *Emden* an der SEF 2/77 teil. Der Sommer teilte sich wieder in Urlaubstörn für die Besatzung, Einzelausbildung und Schießabschnitt. Am 26. Juli lief *Emden* aus zur ÜAG 117/77. Zunächst ging es nach Cowes, wo sie auf Cowes-Reede die Bundesmarine während der »Cowes-Week« vertrat. Im Anschluß traf sie (am 2. August) mit der *Karlsruhe, Köln* und *Braunschweig* im Kanal vor der Insel Wight zusammen, und am 6. August passierte der Verband Gibraltar auf dem Marsch ins Mittelmeer. Im Verlauf der Reise wurden Neapel und Lissabon angelaufen. Am 26. August machten die Schiffe in Wilhelmshaven wieder fest. Vom 7. bis 22. September nahm *Emden* am Manöver »Botany Bay« teil, im Anschluß ging es am 10. Oktober nach Portland zum »BOST«. Die dortige Ausbildung wurde am 24. November mit dem Urteil »satisfactory« beendet. Nach der Rückkehr nach Wilhelmshaven am 28. November wurden einige Reparaturen durchgeführt, gleichzeitig liefen die Vorbereitungen an zur Teilnahme in der STANAVFORLANT 1/78. Im Jahre 1977 hatte die *Emden* insgesamt in 114 Seetagen 22 821 sm zurückgelegt.

Das neue Jahr ließ sich nicht gut an. Seeklar war am 3. Januar. Nach der Abschiedsmusterung durch den Kdr ZFltl, FltlAdm Thäter, warf die *Emden* um 1104 Uhr die Leinen los. Da spielte die Verstellpropelleranlage verrückt. Das Auslaufen wurde von Schnee, Regen und orkanartigen Böen begleitet. Mit Erreichen der Jademündung erwartete eine heftige See das Schiff. Um 1445 Uhr riß sich der Kutter aus seiner Zurrung und wurde leicht beschädigt, die Fregatte rollte und schlingerte stark. Der Sturm dauerte an, und am 4. riß sich der Kutter zwischen 0600 Uhr und 0800 Uhr erneut los, diesmal stärker beschädigt. Außerdem fiel die SLA aus, Rettungsinseln wurden teilweise aus den Halterungen gerissen bzw. verschoben. Gegen 1100 Uhr war die Ansteuerung Den Helder erreicht und gegen 1700 Uhr vereinigte sich *Emden* mit der niederländischen Fregatte *Tromp*, dem Führerschiff der STANAVFORLANT, beide Schiffe nahmen Kurs auf den Englischen Kanal. Am folgenden Tag trat unter der britischen Küste eine Wetterberuhigung ein. Am 6. stieß um 0130 Uhr die britische Fregatte *Naiad* vor Ouessant zu dem Verband, und gemeinsam wurde der Weg nach den Azoren fortgesetzt. Am 9. Januar gegen 1200 Uhr wurde in Punta Delgada zur Brennstoffergänzung festgemacht. Bereits um 2100 Uhr wurde wieder ausgelaufen. Am 10. Januar fiel infolge eines Wassereinbruchs die Ruderanlage aus, die Reparatur war erst zehn Tage später in Charleston/USA möglich. Die Ruderanlage wurde bis dahin von Hand und über BÜ gefahren. Am 15. Januar trafen die Schiffe bei den Bermudas zur Brennstoffergänzung ein. Am 16. Januar vereinigten sich die drei Schiffe mit der US-Fregatte *Pharris* und der kanadischen Fregatte *Skeena*. Um 1530 Uhr lief der gesamte Verband aus (ohne *Pharris*, die einen Lagerschaden hatte), am 19. Januar wurde Charleston erreicht. Am 22. Januar begann die Reparatur der Rudermaschine, und am 24. wurde der Hafen wieder verlassen.

In der Zeit vom 24. bis 28. Januar folgte ein »warm-up« (Auffrischungstraining) im Bereich von Jacksonville. Am gleichen Tage wurde zur Brennstoffergänzung in Mayport eingelaufen. Mit dem Auslaufen am nächsten Tage wurde Kurs auf die Karibik genommen, am 4. Februar traf der Verband in Roosevelt

Roads/Puerto Rico ein (im Schiff herrschten Temperaturen von 30–40° C). Ab 8. Februar lief ein Manöver an, »Lantreadex« bezeichnet, an dem außer der STANAVFORLANT eine niederländische »Task Group«, eine US-»Task Group«, sowie kanadische und brasilianische Einheiten teilnahmen. Am 20. Februar ging es nach Fort Lauderdale.
Am 22. kam es auf der *Emden* zu einem Totalausfall des Andimot Stb 1. Am 24. Februar wurde die Fregatte *Naiad* durch die *Phoebe* abgelöst. Am 1. März lief *Emden* mit sechs Stunden Verspätung aus, weil ein Traglager der Bb-Welle ausgelaufen war. Trotzdem nahm das Schiff nach Reparatur noch rechtzeitig am Manöver »Safe Pass« im Gebiet von Puerto Rico teil. Am 16. März wurde in Norfolk festgemacht. Dort wurde anläßlich des 10jährigen Bestehens der STANAVFORLANT (die Bundesmarine war erst ab Anfang der 70er Jahre Teilnehmer) eine feierliche Flaggenparade bei SACLANT durchgeführt. Am 20. März war seeklar und dann ging es in Begleitung eines kanadischen Geschwaders nach Halifax, wo am 23. März bei dichtem Schneegestöber eingelaufen wurde. Der Besuch in Halifax war offiziell, und daher wurden eine ganze Reihe Empfänge von seiten der Bordkommandos und der Stadt gegeben. Am 1. April wurde die Fregatte *Tromp* durch die *Tjerk Hiddes* abgelöst, Führerschiff wurde die kanadische Fregatte *Iroqouis*. Auslaufen war (wiederum verspätet) am 18. April, es folgte wieder eine kurze Gewöhnungsphase. Am 20 April wurde Kurs auf die Bermudas genommen, und am 22. April stieß der kanadische Tanker *Protecteur* zum Verband. Der Aufenthalt bei den Bermudas war nur kurz. Am 25. April begann schon das Manöver »Open Gate«, das bis zum 2. Mai währte, und an dem die *Emden*, auf »drei Beinen« humpelnd (Höchstfahrt 17 kn), teilnahm. Am 1. Mai stieß der niederländische Tanker *Poolster* zum Verband, und das Manöver wurde mit einer ergänzenden niederländischen »Task Group«, dem Flugzeugträger USS *Nimitz* sowie weiteren Kriegsschiffen aus Portugal und Großbritannien fortgesetzt. Am 10. Mai wurde Lissabon angelaufen. Dort blieb man bis zum 16. liegen. Der Weitermarsch führte am 16. Mai nach Nantes/Frankreich, wo am 19. festgemacht wurde. Hier wurde *Emden* am 20. Mai aus dem Verband entlassen und durch den Zerstörer *Schleswig-Holstein* abgelöst. Am 23. Mai fiel auf Schillig Reede der Anker. Am 24. erfolgte das Einlaufen in Wilhelmshaven. Zur Begrüßung waren zuvor der Kdr ZFltl, FltlAdm Thäter, und der Kdr 2. GGschw, KptzS Ehrenberger, auf Schillig Reede zugestiegen. Im Anschluß folgten Reparaturen und Hafenliegezeit. Ende Juni erfolgte wieder ein Besuch der Patenstadt und Ende August die Teilnahme am DESEX, das unter Führung von KptzS Ehrensberger ablief, und an dem die Zerstörer *Lütjens, Rommel* und *Hessen* sowie die Fregatten *Emden, Braunschweig,* zeitweise auch noch *Köln* und *Lübeck* teilnahmen. Vom 4.–19. September fand dann das NATO-Manöver »Northern Wedding« statt. Die *Emden* war Führerschiff des deutschen Verbandes mit *Braunschweig, Triton, Najade* und *Theseus.* Die ganze Zeit über war sehr schlechtes Wetter, wegen Orkan mußte am 16. September sogar Landschutz aufgesucht werden. Am 20. September nahm die Fregatte an einem »Steampass« teil, das zu Ehren des Flottenchefs, VAdm Klose, stattfand. Dann lag *Emden* wieder in Wilhelmshaven. Wegen der noch immer bestehenden Störungen in der Verstellpropelleranlage wurden wiederholt Erprobungsfahrten durchgeführt. Ab 6. November ging es dann in die längst fällige Depotinstandsetzung. Nach einem Vorlauf im MArs verlegte *Emden* am 29. November nach Bremerhaven in die Werft. Im Jahre 1978 hatte die Fregatte in 126 Seetagen 32564 sm zurückgelegt.
Die Werftzeit reichte bis weit in das Jahr 1979 hinein und war mit dem Nachlauf im Marinearsenal Wilhelmshaven erst am 28. September beendet. Danach verbrachte die Fregatte die weiteren Wochen im Hafen, die zur Wiederherstellung der vollen Einsatzbereitschaft dienten, aber auch zur Erprobung der einzelnen Anlagen. Zwischendurch, wie immer, Einzelausbildung.
Am 1. November besuchte Bundesverteidigungsminister Apel das Schiff. Am 15. November verlegte *Emden* in die Ostsee, wo am 19. in Neustadt die übliche Schiffssicherungsausbildung begann. Schon am 23. November befand sich das Schiff in Flensburg, und am 27. wurden in der Eckernförder Bucht Meilenfahrten und weitere Erprobungen durchgeführt. Nach weiterer Einzelausbildung begann am 3. Dezember eine »AFOST«. Am 13. Dezember lag *Emden* wieder in Wilhelmshaven. Am 19. Dezember fand die Seeklarbesichtigung durch den GschwKdr statt.
Ab Ende Januar 1980 begann dann erneut die Einzelausbildung in der Deutschen Bucht, die der Vorbereitung auf die am 12. Februar in Portland beginnende »BOST« diente, welche bis zum 12. März dauerte. Am 13. März war das Schiff in Wilhelmshaven zurück

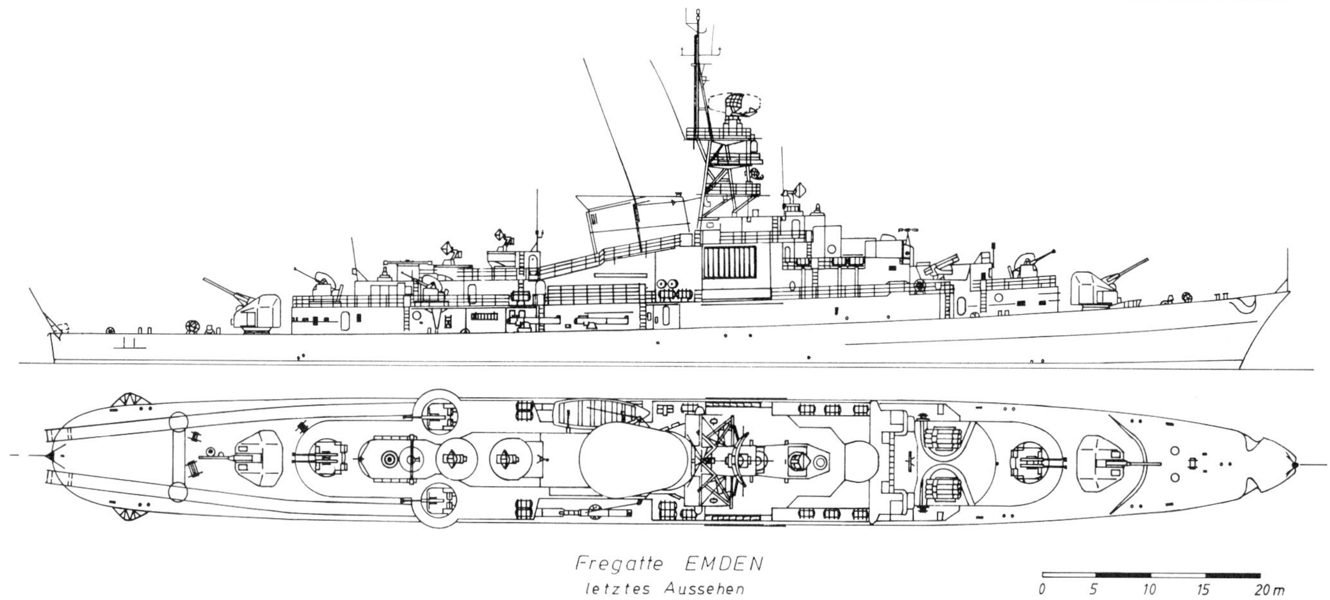

Fregatte EMDEN
letztes Aussehen

und setzte seine Einzelausbildung fort. Am 29. April hieß es dann »seeklar« und *Emden* verließ den Heimathafen, um sich in der Nordsee mit dem deutschen Verband zu treffen, der sich – aus den Zerstörern *Lütjens* und *Bayern*, sowie dem Versorger *Coburg* und dem Großen Betriebsstofftransporter *Spessart* bestehend – auf dem Weg in den Indischen Ozean befand. Zwischenstation wurde in Brest gemacht (am 2. Mai). Anschließend wurden noch gemeinsame Übungen durchgeführt, bevor die Fregatte sich vor der portugiesischen Küste vom Verband trennte, um zu ihrer eigentlichen Einheit zu stoßen, der STANAVFORLANT, das war am 4. Mai. Mit diesem Flottenverband verlegte die *Emden* dann ins Mittelmeer, wo sie vom 17. bis 25. Mai Neapel anlief. Während des Aufenthaltes in Neapel wurde einer Abordnung des Verbandes eine Audienz beim Papst gewährt. Zweifellos ein besonderes Erlebnis. Auch von der *Emden* waren Besatzungsmitglieder dabei.

Im Anschluß kehrte sie mit den anderen, zur STANAVFORLANT gehörenden Einheiten in den Atlantik zurück, um von dort in die Nordsee zu verlegen. Am 5. Juni lag der Verband in Den Helder, das am 9. Juni wieder verlassen wurde. *Emden* kehrte kurz nach Wilhelmshaven zurück, wo sie bis zum 26. Juni dringende Reparaturen im Marinearsenal durchführte. Danach stieß sie wieder zum Verband, der sich mittlerweile in norwegischen Gewässern befand, kam jedoch nochmals zurück, um einzudocken. Am 7. Juli befand sie sich wieder bei der STANAVFORLANT. Am 22. August kehrte die Fregatte nach Wilhelmshaven zurück, der STANAVFORLANT-Einsatz war beendet. Nach einer begrenzten Ruhepause, die für die Besatzung den ersehnten Urlaub brachte und für das Schiff dringende Reparaturarbeiten ermöglichte, hieß es wieder Ausbildung betreiben, im weitesten Sinne. Ab 27. Oktober gehörte das Schiff zu einem Verband, der unter Führung des KdrZFltl, FltlAdm Weyher, in der Nordsee und in norwegischen Gewässern Übungen im Rahmen der Zerstörerflottille durchführte. Dabei waren die Zerstörer *Z 2, Z 4* und *Z 5*, der Kleine Versorger *Freiburg*, der Große Betriebsstofftransporter *Rhön* sowie U-Boote und Marineflieger. Im Anschluß an dieses Manöver gehörte die *Emden* zur SEF 2/80. Nach Rückkehr von diesem Verband verlegte die Fregatte unmittelbar nach Emden, wo sie an den Stapellauffeierlichkeiten für den Nachfolger, die neue *Emden*, teilnahm.

Das war auch zugleich die letzte offizielle Zeremonie, die der bisherige Kommandant miterlebte. Am 29. Dezember 1980 wurde er durch den voraussichtlichen letzten Kommandanten bis zur Außerdienststellung, FKpt Housselle, abgelöst. Schon ab 2. Februar 1981 gehörte das Schiff wieder zu einem Verband, der unter

dem Namen »Destroyer Exercise« und unter Führung des Kdr ZFltl im Raum der nordeuropäischen Gewässer übte. Mit dabei waren die Fregatte *Lübeck,* die Zerstörer *Z 2* und *Z 5*, der Tender *Mosel*, der Kleine Versorger *Freiburg* und der Große Betriebsstofftransporter *Rhön*. Diesem Manöver schloß sich im März die erste SEF des Jahres 1981 an.
Ab Herbst 1981 verlegte die *Emden* ins MArs Wilhelmshaven, wo nochmals die Arbeiten durchgeführt werden, die notwendig sind, das Schiff bis zur Flaggen- und Wimpelniederholung fahr- und einsatzbereit zu erhalten. Auch an den ständigen nationalen und anderen Maßnahmen wird die *Emden* weiterhin teilnehmen.

Das endgültige Schicksal ist noch ungewiß. Es kann sein, daß sie im Rahmen der Verteidigungshilfe an einen befreundeten NATO-Staat abgegeben wird, aber es ist auch möglich – und das ist viel wahrscheinlicher –, daß sie umbenannt wird und nach einem entsprechenden Umbau für andere Zwecke und einer anderen Bezeichnung erneut in Dienst stellt und in die Reihen der Bundesmarine zurückkehrt.
Aber es ist müßig, hierüber Spekulationen anzustellen. Fest steht lediglich, der Fregatte *Emden* war es beschieden, ihre gesamte Dienstzeit im Frieden zu versehen. Und das ist das schönste, was man sich wünschen kann; nicht Krieg zu führen, sondern den Frieden zu sichern und zu erhalten.

Diese drei Aufnahmen zeigen den Bau der Fregatte auf der Stülcken-Werft in Hamburg. Auf dem Bild (unten) ist ein Stück der Kielplatte zu sehen, mit dem schon ausgebildeten Doppelboden und seinen Ausnehmungen der Kraftstoffbunker. Auf der Helling befindet sich neben der künftigen *Emden* die schon weiter fortgeschrittene *Köln* (rechts oben), das Typ- und Schwesterschiff. Das Bild (rechts unten) zeigt die *Emden* von oben, das Oberdeck ist bereits gesetzt, jedoch sind noch große Montageöffnungen für die Dieselmotoren vorhanden.

▽ ▷

◁ Der Stapellauf der *Emden.* Der Platz für die feierliche Zeremonie ist freigemacht, der Bug ist noch mit der Bundesfahne verhangen, das Tuch mit dem künftigen Namen aufgerollt.

Auf dem Bild (links unten) schreitet KAdm Wagner die Front ab. Es ist der 21. März 1959, der Stapellauf steht kurz bevor. Die Bilder (auf dieser Seite) zeigen den Stapellauf. Der OB der Stadt Emden, Susemihl, bei der Ansprache. Nach vollzogenem Taufakt ist das Namenstuch entrollt, das Wappen vor dem Bug freigelegt (später wird es durch das Eiserne Kreuz ersetzt werden, die Stadtwappen kommen jeseits vor den Ankerklüsen an die Bordwand.

△
Emden in der Ausrüstung. Die Breitseitaufnahme zeigt sie neben der schon weiter fortgeschrittenen *Köln* liegend. Hinter dem Heck der Bug eines der neuen Zerstörer der *Hamburg*-Klasse.

Die achterliche Nahaufnahme zeigt schon den aufgebauten Teil des hinteren Aufbaudecks.
▽

◁ Während des im Sommer 1964 in norwegischen Gewässern stattfindenden Zerstörermanövers »Nordlandreise« lief das 2. Geleitgeschwader mit den Fregatten (hier in der Reihenfolge) *Karlsruhe, Lübeck, Emden* und *Braunschweig* (von der aus die Aufnahme geschossen wurde) in den Vaegsfjord/Norwegen ein, und machte am 25. Juli in Harstad fest.

Das Traditionsschild der Fregatte, das nach dem Festmachen in einem Hafen stets neben das Fallreep gestellt wird. Auf ihm sind in kurzen Stichworten die Lebensläufe der Vorgänger angeführt. ▷

Emden im November 1967, nach erfolgtem Umbau. Deutlich zu erkennen: Die veränderten Luftansaugschächte der Gasturbinenanlage. Die Aufbauten hatten jetzt auch Dehnungsfugen erhalten.
▽

△
Emden 1972 in der Ostsee. Im Topp weht die Flagge eines Vizeadmirals.

◁ *Emden* Anfang Januar 1973, nach der Kollision mit dem DDR-Trawler *Berlin*. Die Schadensstelle an der Bb-Seite in Höhe der achteren 40-mm-Flak ist mit einem Lecksegel notdürftig abgedichtet. Das Leck scheint bis in die Wasserlinie zu reichen, daher wurde anscheinend durch Umpumpen von Kraftstoff eine gewollte leichte Stb-Krängung hergestellt, um ein zu großes Eindringen von Seewasser zu verhindern. Am linken Bildrand ist erkennbar, daß das eingedrungene Wasser mit Leck- und Lenzmitteln herausgepumpt wird.

Emden 1975. Inzwischen hat das Schiff – wie die Schwesterschiffe auch – weitere Änderungen erfahren. Die U-Jagd-Torpedorohre wurden durch andere ersetzt, das vordere Waffenleitradar wurde ausgebaut. Dafür befindet sich jetzt auf der Vorbrücke ein Navigationsradar. Die offene Brücke wurde mittschiffs mit einem leichten Verdeck versehen, das Stb-Beiboot wurde einschließlich Davit entfernt. Der Schraubenschutz war geändert worden, die beiden seitlichen, im Mast sitzenden, ECM-Töpfe mit ihren Plattformen ausgebaut.

◁ Der Bug der Fregatte. Gut erkennbar, die unveränderte Form des Eisernen Kreuzes mit den Inschriften, die es zur Zeit des Kaiserreiches trug.

STANAVFORLANT 1978: *Emden* als führendes Schiff des Verbandes. Rechts die kanadische Fregatte *Skeena,* links die britische Fregatte *Naiad,* achteraus die US-Fregatte *Pharris,* in der Mitte die niederländische Fregatte *Tromp.*
▽

Die Fregatte Emden (Klasse 122)

Die neue Generation

Als im Jahre 1955/56 die Bundeswehr aufgestellt wurde, begannen auch die Vorarbeiten für das Beschaffungsprogramm neuer Kampfschiffe für die Marine. Zu dieser Zeit war alles ein Neubeginn, sowohl bei den Streitkräften als auch bei den Dienststellen, die mit ihnen geschaffen wurden, wie z. B. das BWB. Man war bis in die 60er Jahre hinein auf das Wissen und die Erfahrungen der Soldaten angewiesen, die aus der ehemaligen Kriegsmarine kamen und auch auf die Kenntnis jener wenigen Beamten und Angestellten, die zurückfanden zur Bundeswehr (dieses im weitesten Rahmen gesehen).
Das Gleiche galt für die deutsche Werftindustrie, eine fühlbare Lücke von über zehn Jahren war zu schließen. Trotzdem konnte man in beachtlich kurzer Zeit die Konstruktionspläne neuer Schiffe erstellen, die lediglich darunter litten, daß sie den Tonnagebeschränkungen der WEU unterlagen. So entstand die Fregatte Klasse 120. Die Aufgaben dieses Typs waren klar umrissen, nämlich Sicherung von Geleitzügen gegen U-Boot-Angriffe, U-Jagd, Fla-Geleitschutz, Geleitschutz gegen Überwasserkampfschiffe und Mineneinsatz. Die Aufgaben hatten, wenn man so will, einen rein defensiven Charakter. Zu jener Zeit ging man davon aus, daß die U-Boote einen reinen Motorenantrieb hatten, die Bedrohung aus der Luft kam von den Jagdbombern. Dementsprechend war die Ausrüstung der Fregatten; Rundsuchradaranlagen und Feuerleitanlagen, die die schnelle Erfassung und Abwehr des Gegners erlaubten. Die 100-mm-Türme und die 40-mm-Lafetten gewährleisteten zur damaligen Zeit eine genügende Kampfkraft zur Erfüllung der gestellten Aufgaben. Der Antrieb war der Gegebenheit angepaßt, für den Normalbetrieb Dieselmotoren, für die Höchstfahrt zusätzlich Gasturbinen. Die rasante Entwicklung, sowohl auf dem Gebiet von Antriebsanlagen, insbesondere aber auch in der Waffentechnik und Elektronik ließ die Fregatten im Laufe der Jahre schnell ins Hintertreffen geraten. Hinzu kam, daß die Schiffe nicht jünger wurden, so daß es von der Unterhaltung her nicht tragbar war, umfangreiche Modernisierungen durchzuführen. Mittlerweile gab es atomgetriebene U-Boote, es kam zur Einführung überlegener Flugkörperwaffen, besserer Elektronikanlagen, kurz, der Zeitpunkt, an dem die Fregatten der Klasse 120 völlig veraltet sein würden, war erkennbar. Und wollte die Bundesrepublik nicht ins Hintertreffen geraten, so mußte man sich schnell etwas Neues einfallen lassen, zumal die beiden großen Kontrahenten, die USA und die UdSSR sich in einer beispiellosen Aufrüstungsphase befanden. Insbesondere letztere erwies sich als wahrer Meister im Bau immer neuerer, größerer und stärkerer Kriegsschiffe. Erst in den letzten Jahren fängt man auch in den USA wieder an, hier in etwa gleich zu ziehen.
So machte man sich in der Bundesrepublik schon zu Beginn der 60er Jahre Gedanken darüber, wie die Nachfolgetypen der jetzigen Schiffe auszusehen hatten. Da war die ständig wachsende Bedrohung aus der Luft, insbesondere im Ostseeraum, der man mit der Konzeption einer sogenannten »Fla-Korvette« begegnen wollte. Sie sollte etwa 1200 t verdrängen und neben Rohrwaffen auch eine Raketenbestückung erhalten. Insgesamt zehn Einheiten waren geplant. Aber inzwischen wuchs auch die Bedrohung aus der Tiefe, also mußte so ein Schiff auch eine U-Jagd-Komponente erhalten, das aber erforderte eine Vergrößerung. Und so war man Mitte der 60er Jahre bereits bei einer Größenordnung von etwa 2500 t angelangt. Da ein Schiff dieser Größe bereits mit ca. 136 Mio. DM Kosten veranschlagt war, kam nun die Frage der Realisierbarkeit auf, denn für ein Waffensystem dieser Art müssen die benötigten Haushaltsmittel im Rahmen des gesamten Wehretats durch den Bundestag bewilligt werden. Da sich zu dieser Zeit jedoch eine Art Rezession in der deutschen Wirtschaft bemerkbar machte, da sich gleichzeitig auch die drei Einheiten der *Lütjens*-Klasse in den USA in Bau befanden, wurde das Planungsprogramm der Marine geändert. Statt sechs

geplanter Zerstörer der Klasse 103 (drei sollten in Deutschland nachgebaut werden) blieb es bei den drei in den USA bestellten. Anstelle von ursprünglich zehn Fla-Korvetten sollten es nun nur noch vier werden. Die zehn S-Boote der Klasse 142 wurden modernisiert, hinzu kam das U-Boot-Bauprogramm u. a. m. Außerdem wurden einige ältere Einheiten außer Dienst gestellt. Da es sehr schwierig war, die benötigten Geldmittel für die geforderten Korvetten bewilligt zu bekommen, verging ein Monat und ein Jahr nach dem anderen, und im Jahre 1968 lagen die veranschlagten Kosten pro Schiff bereits bei etwa 176 Mio. DM.
Inzwischen war aus dem ursprünglich geforderten Schiffstyp bereits etwas anderes geworden, nämlich ein Kriegsschiff gänzlich anderer Konzeption, die »Fregatte 70«, später auch als Fregatte Klasse 121 bezeichnet. In diesen Neubau sollte nun alles Neue hineingepackt werden, und 1969 lagen die Kosten für ein Schiff dann bereits bei ca. 196 Mio DM. Obwohl der Verteidigungsausschuß des Deutschen Bundestages am 8. Februar 1968 dem Bau dieser Fregatte zustimmte, kam es danach zu langwierigen und schwierigen Verhandlungen mit dem Haushaltsausschuß, der schließlich am 23. Januar 1969 die Baugenehmigung erteilte. Das Schiff sollte nunmehr eine Verdrängung von 3600 t haben, 30 kn schnell sein, mit Rohrwaffen und Raketen ausgerüstet werden. Da die Konstruktionsplanung aber zu diesem Zeitpunkt bei weitem nicht abgeschlossen war, ergaben sich weitere Preissteigerungen, so daß sich 1970 die Baukosten pro Schiff bereits zwischen 230 und 350 Mio. DM bewegten. Daraufhin wurde auf Vorschlag des Inspekteurs der Marine jede weitere Planung eingestellt.
Nun lag es erneut in den Händen der Führungsstellen der Marine, ein neues Konzept zu entwickeln, denn es lag auf der Hand, daß es an der Zeit war, nicht nur die alten während des Zweiten Weltkrieges gebauten und von den USA erworbenen Zerstörer der Klasse 119 *(Z1–Z6)* sondern auch die Fregatten der *Köln*-Klasse zu ersetzen.
Für diese neue Fregattenplanung wurden eine ganze Reihe von Untersuchungen angestellt, denn man wollte einen Typ entwickeln, der die taktischen Forderungen erfüllte, möglichst standardisiert, technisch leistungsfähig und kostenwirksam war, dessen Logistik gesichert und der personell besetzt werden konnte. Man entschloß sich für den Bau einer Mehrzweckfregatte. Trotzdem wurden auch andere Untersuchungen angestellt, indem man ausländische Typen auf ihre Brauchbarkeit für deutsche Zwecke prüfte, so die neue französische Fregatte *C 70,* den britischen *Typen 21/22*, die italienische *Lupo*-Klasse, den belgischen *Typ E 71,* die US-*Patrol*-Fregatte und die niederländische Standardfregatte. Die niederländische Version schnitt am besten ab, und es kam zu einer deutsch-niederländischen Zusammenarbeit.
Am 2. Januar 1974 wurde die »Taktische Forderung« erlassen, am 27. Mai 1974 stimmte der Bundesverteidigungsminister dieser zu. Am 17. Juli 1975 kam es zu einem »Memorandum of Understanding« mit den Niederlanden. Am 28. Januar 1976 stimmte der Verteidigungsausschuß zu, am 10. März 1976 der Haushaltsausschuß. Der Baupreis pro Schiff lag bei ca. 335 Mio. DM[1]. Hierin sind aber auch bereits alle landgebundenen Anlagen für das ganze System enthalten. Die Vertragsunterzeichnung zwischen dem BWB und dem GU (Generalunternehmer), dem Bremer Vulkan, erfolgte am 21. November 1977. Der Bauauftrag umfaßt insgesamt sechs Einheiten, es ist geplant, weitere sechs nachfolgen zu lassen, wobei fraglich ist, ob das realisiert wird.

Die neue Emden

Mit dem Generalunternehmer (GU) Bremer Vulkan betrat erstmals seit dem Kriegsende wieder eine Werft die Bühne des Kriegsschiffbaues, deren Grundsatz es eigentlich von altersher gewesen war, in Friedenszeiten niemals Kriegsfahrzeuge zu bauen. Diese Absicht wurde auch stets eingehalten, bis heute jedenfalls. Allerdings hat die Werft sich im Zweiten Weltkrieg einen hervorragenden Ruf dafür erworben, als sie über 70 U-Boote für die Kriegsmarine baute (schon die Vorläufer der Werft, kleine Privatunternehmen, hatten in den Anfängen der Bundesmarine – 1848 – kleinere Fahrzeuge für diese gebaut). Sicher war der Bruch dieser Tradition auch eine wirtschaftspolitische Entscheidung, ist doch bekannt, daß die deutsche Werftindustrie, und mit ihr der gesamte deutsche Küstenraum, permanent unter mangelnder Beschäftigung leiden, und das schon seit Jahren.
Mit dem Auftrag an den Generalunternehmer erfolgte auch die Verteilung an die einzelnen Bauwerften, die für die vorläufig sechs Fregatten vorgesehen worden waren.

△
Der steife und kalte Westwind – sichtbar an den Flaggen des ebenfalls über die »Toppen« geschmückten Neubaues – machte den zahlreichen Schleppern anfangs Mühe, denn das hoch aus dem Wasser ragende Schiff bot dem Wind eine ideale Angriffsfläche. Aber es wurde sicher an die Ausrüstungspier gebracht.

◁ Unten rechts: Dann schwimmt die neue *Emden* auf und wird von Schleppern auf den Haken genommen.

Und mit diesem Bild schließt sich ein Kreis. Unter den zahlreichen Ehrengästen befand sich dieser Mann. Es ist wohl einer der letzten – wenn nicht sogar der letzte – Überlebende jenes Kreuzers *Emden,* mit dem das Buch begann. Es ist Heyo Aden-Emden, der heute 90jährig, einst als Maschinistenmaat – von der II. Werftdivision Wilhelmshaven kommend – auf dem legendären Kreuzer fuhr und dessen letztes Gefecht miterlebte. ▷

Nachtrag

Der Vollständigkeit halber sei noch vermerkt, daß es bei der Kaiserlichen-, Reichs- und Kriegsmarine außer diesen Einheiten, die den Namen *Emden* trugen, weitere Namensträger gab, die jedoch – trotz des Namens – nie besondere Erwähnung fanden. Mag sein, daß das eine oder andere Fahrzeug den Namen von vornherein führte oder daß ihm aus irgendeiner Art »Traditionsdenken« dieser verliehen wurde. Aber auch schon vor jener Zeit, die allgemein als der Beginn einer »Deutschen Marine« bezeichnet wird, nämlich 1848, gab es Träger dieses Namens.

1. *Stadt Emden,* Fleute[1] der brandenburgischen Marine, die 1686 als niederländisches Schiff aufgebracht, aber bereits drei Jahre später von französischen Kriegsschiffen erbeutet wurde.
2. *Burg von Emden,* ein Schiff der preußisch-asiatischen Kompanie, das 1752 mit einem Kaperbrief versehen, mit 60 Kanonen ausgerüstet, im Jahre 1758 auslief und bis zum Sommer 1759 im Mittelmeer acht Handelsschiffe aufbrachte. 1761 wurde das Schiff in Barcelona verkauft.
3. Ein weiteres Kaperschiff unter dem Namen *Emden* baute die Schiffswerft »Zum Preußischen Adler«. Diese Werft war der Vorläufer der späteren – heute nicht mehr bestehenden – Schiffswerft Cassens. Weitere Einzelheiten sind nicht bekannt.
4. *Stadt Emden.* Das war ein niederländisches Kanonenboot, Kennung *Nr. 142,* das unter französischer Führung stand und im Jahre 1813 zu den Preußen überlief. Es fuhr unter Segeln und hatte 3 Kanonen, nahm an der Belagerung von Delfzjil teil und wurde 1815 zurückgegeben.
5. *Emden*, Stapellauf 1865 als *Falke*, Bauwerft Henderson, Coulborn & Co., Renfrew-Glasgow. 1866 wurde das Schiff als Transporter *Heinrich Heister* aufgelegt und am 25. 8. 1870 von der preußischen Marine gekauft, jetzt bereits unter dem Namen *Emden*. Die Überführung erfolgte am 30. 8. 1870. Ab 12. 9. 1870 umgetauft auf den Namen *Falke* und i. D. am 4. 10. 1870. Das Schiff wurde als Aviso in der Liste der Kriegsschiffe geführt. Der Verkauf erfolgte am 18. 11. 1890.
6. *Emden*, Fischkutter, Baujahr 1918, 254 BRT. Das Boot gehörte 1918 zur Vorposten-Flottille. Ab 14. 12. 1924 wird es als Totalverlust bei Island gemeldet.
7. *Emden/AE 1,* Motorfischlogger, 126 BRT. Das Boot wurde 1940 als *V 1907* von der Kriegsmarine in Dienst gestellt. Später erhielt es die Bezeichnung *Vs 507.* Nach dem Kriege wieder im Fischereidienst als *Christian I* (1953) und ab 1960 als *Humor*.
8. *Emden/TIM 2,* Motorfischkutter, von der Kriegsmarine 1943 als *FZ 2* geführt.
9. Als Nachfolgekreuzer der *Königsberg*- oder auch *Karlsruhe*-Klasse waren mit Amtsentwurf 1914 die zehn Einheiten der *Cöln*-Klasse vorgesehen, von denen sich bis zum Kriegsende 1918 alle in Bau befanden, bzw. auch schon zur Flotte gestoßen waren. Als 9. Schiff dieser Serie war ein Kleiner Kreuzer als »Ersatz *Emden*« vorgesehen. Es ist allerdings ausgeschlossen, daß dieser den Namen des berühmten Vorgängers erhalten hätte. Die Kreuzer ähnelten im großen und ganzen den Vorläufern der *Königsberg*-Klasse – sie waren jedoch etwas größer, hatten XIV Abteilungen und vereinigten in sich die Erfahrungen, die man bereits wieder hinzugewonnen hatte. Fertiggestellt wurden nicht alle, aber sie erhielten immerhin die Namen von Kreuzern, die im Verlauf des Krieges infolge von Kampfhandlungen oder als Folge davon verloren gegangen waren, wie *Cöln* [II], *Wiesbaden* [II], *Dresden* [II], *Magdeburg* [II], *Leipzig* [II], *Rostock* [II], *Frauenlob* [II]. Von diesen stellten jedoch nur die ersten drei noch in Dienst, alle, einschließlich »Ersatz *Emden*« wurden nach dem Kriege auf der Helling oder bereits vom Stapel gelaufen, abgewrackt.

[1] Fleute: Dreimastiges Handelsschiff im Nord- und Ostseeraum.

10. Auch bei der Kriegsmarine waren eine ganze Reihe neuer Leichter Kreuzer geplant, die aufgrund des Z-Planes und anderer Überlegungen im Verlauf der Jahre bis 1950 gebaut werden sollten. Außer diesen reinen Flottenkreuzern waren auch Spähkreuzer, Kolonialkreuzer u. a. m. geplant. Sie alle gelangten über das Planungsstadium nicht hinaus, lediglich eine Serie von Kreuzern unter der Bezeichnung M – R wurde in Auftrag gegeben und teilweise mit dem Bau begonnen. Mit Ausbruch des Zweiten Weltkrieges erstarb jede Aktivität, anderes wurde wichtiger, das Kriegsende setzte den endgültigen Schlußstrich. Für das Jahr 1944 war ein Kreuzer »Ersatz *Emden*« geplant. Es ist anzunehmen, das dieses Schiff wohl wieder den Namen *Emden* erhalten und daß es sich evtl. sogar um einen Schulkreuzer gehandelt haben würde, aber das bleibt nur Spekulation.

Diese Aufnahme vom März 1982 zeigt zwei der neuen Fregatten in der Ausrüstung beim Bremer Vulkan. Die an der Pier liegende Einheit ist die *Emden*. Davor befindet sich entweder die *Niedersachsen* oder *Rheinland-Pfalz*.

Stellenbesetzung

Kleiner Kreuzer *Emden* (I)		
Kommandant:	FKpt Engels[1]	Herbst 1908 bis zur vorläufigen Außerdienststellung
	FKpt/KptzS Vollerthun	1. April 1910 – Herbst 1911
	FKpt/KptzS v. Restorff	Herbst 1911 – Frühjahr 1913
	KKpt/FKpt v. Müller	Frühjahr 1913 – Untergang
Erster Offizier (IO):	Kptlt Fleck	Herbst 1908 bis zur vorläufigen Außerdienststellung
	Kptlt Huth	1. April 1910 – Herbst 1911
	Kptlt Beß	Herbst 1911 – Herbst 1913
	Kptlt Peucer	Herbst 1913 – Frühjahr 1914
	Kptlt v. Mücke	Frühjahr 1914 – Untergang
Leitender Ingenieur (LI):	Marine-Oberingenieur Böhlk	Herbst 1908 bis zur vorläufigen Außerdienststellung
	Marine-Oberingenieur Clausius	1. April 1910 – Frühjahr 1911
	Marine-Oberingenieur/Marine-Stabsingenieur Rauch	Frühjahr 1911 – Herbst 1913
	Marine-Oberingenieur Ellerbroek	Herbst 1913 – Untergang

Kleiner Kreuzer *Emden* (II)		
Kommandant:	FKpt Hagedorn	Dezember 1916 – August 1917
	FKpt Frhr. v. Gagern[2]	August 1917 – August 1918
	FKpt Becker	August 1918 – November 1918
	Kptlt Eltze[3]	November 1918 – Februar 1919
	Kptlt Ehlers[3]	Februar 1919 – 21. 6. 1919
Erster Offizier (IO):	KKpt Mecklenburg	Dezember 1916 – Juli 1917
	KKpt Cleve	Juli 1917 – Juli 1918
	KKpt Claaßen	Juli 1918 – November 1918
Leitender Ingenieur (LI):	Marine-Stabsingenieur Klotz	Dezember 1916 – 21. Juni 1919

Leichter Kreuzer *Emden*		
Kommandant:	KptzS Foerster	Oktober 1925 – September 1928
	KKpt/FKpt/KptzS Arnauld de la Perière	September 1928 – Oktober 1930
	FKpt/KptzS Witthoeft-Emden	Oktober 1930 – März 1932
	FKpt/KptzS Graßmann	März 1932 – 1. April 1933
	FKpt Dönitz	September 1934 – September 1935
	FKpt/KptzS Bachmann	September 1935 – August 1936
	KptzS Lohmann	August 1936 – Juli 1937
	FKpt/KptzS Bürkner	Juli 1937 – Juni 1938
	KptzS Wever	Juni 1938 – Mai 1939
	KptzS Lange	Mai 1939 – August 1940
	KptzS Mirow	August 1940 – Juli 1942
	KptzS Schmidt	Juli 1942 – September 1943

	KptzS Henigst	September 1943 – Februar 1944
	FKpt/KptzS Meisner	März 1944 – Januar 1945
	KptzS Kähler	Januar 1945 – März 1945
	FKpt Wickmann[4]	März 1945 – Ende
Erster Offizier (IO):	KKpt Stobwasser	Oktober 1925 – September 1928
	KKpt Faber	September 1928 – Oktober 1930
	KKpt Siemens	Oktober 1930 – 1. April 1933
	KKpt Lange[5]	September 1934 – August 1936
	FKpt Liebetanz	August 1936 – Juni 1938
	FKpt Brinckmeier	Juni 1938 – April 1939
	FKpt Loeper	April 1939 – November 1940
	FKpt Neubauer	November 1940 – November 1941
	FKpt Jung	November 1941 – Juli 1943
	KKpt Köppe	Juli 1943 – Juli 1944
	FKpt Wickmann	Juli 1944 – Ende
Leitender Ingenieur (LI):	KKpt (Ing) Fechter	Oktober 1925 – September 1928
	Kptlt (Ing) Stiegel	September 1928 – Oktober 1930
	Kptlt (Ing)/KKpt/(Ing) Kaufmann	Oktober 1930 – 1. April 1933
	Kptlt (Ing) Liebhard[5]	September 1934 – August 1936
	KKpt (Ing) Kind	August 1936 – Juni 1938
	KKpt (Ing) Dipl.-Ing. Türke	Juni 1938 – April 1939
	KKpt (Ing) Bachmann	April 1939 – Juni 1940
	Kptlt (Ing) Klemm	Juni 1940 – April 1941
	KKpt (Ing) Lange	April 1941 – November 1941
	KKpt (Ing) Schwarz	November 1941 – Juli 1943
	KKpt (Ing) Schimanski[6]	Juli 1943 – Februar 1945
	KKpt (Ing) Götz	Februar 1945 – Ende

Fregatte *Emden*		
Kommandant:	FKpt Diggins	24. Oktober 1961 – 2. April 1963
	FKpt Krieg	2. April 1963 – 1. Oktober 1964
	FKpt Schneider	1. Oktober 1964 – 31. März 1965[7]
	FKpt Heidrich	6. Oktober 1967 – 1. Oktober 1968
	FKpt Böhme	1. Oktober 1968 – 11. November 1970[8]
	FKpt Kolvenbach	6. Oktober 1971 – 6. Februar 1973
	FKpt Beil	6. Februar 1973 – 25. März 1974[9]
	FKpt Papsdorf	2. Dezember 1974 – 1. Dezember 1976
	FKpt Peschties	1. Dezember 1976 – 28. Dezember 1980
	FKpt Housselle	28. Dezember 1980
Erster Offizier (IO):	KKpt v. Holleuffer	3. Juli 1961 – 30. September 1963
	KKpt Spieker	30. September 1963 – 31. Dezember 1964
	KKpt Kläke	31. Dezember 1964 – 31. März 1965[7]
	KKpt Lacher	10. Januar 1967 – 3. April 1967
	KKpt Warnke	3. April 1967 – 31. Dezember 1967[10]
	KKpt Buchmann	31. Dezember 1967 – 1. April 1969
	KKpt Böttcher	1. April 1969 – 1. Januar 1972
	FKpt Frank	1. Januar 1972 – 1. Oktober 1973
	FKpt v. Bismarck	1. Oktober 1973 – 1. Oktober 1975
	KKpt Kossyk	1. Oktober 1975 – 10. August 1976
	KKpt Dipl.-Ing. Laabs	10. August 1976 – 1. Oktober 1979
	KKpt Esser	1. Oktober 1979 – 31. März 1981
	KKpt Schuth	31. März 1981

Schiffstechnischer Offizier (STO):

KKpt Kühle	3. Juli 1961 – 31. Dezember 1962
Kptlt Dittrich	31. Dezember 1962 – 31. März 1965[7]
Kptlt Kube	27. Oktober 1967 – 30. September 1968[11]
Kptlt Paul	30. September 1968 – 31. Dezember 1970
Kptlt Birkhahn	31. Dezember 1970 – 30. September 1972
Kptlt Eberle	30. September 1972 – Mai 1975
Kptlt Kohlbach	Mai 1975 – 1. April 1977
Kptlt Eckle	1. April 1977 – 1. April 1980
Kptlt Kipker	1. April 1980

[1] Nach den amtlichen Quellen wurde FKpt Engels bei der Benennung der Schiffs-Prüfungskommission als Kommandant geführt. Andere Quellen geben den Leiter der Kommission, KKpt Graf v. Posadowsky-Wehner, an.

[2] Kurzzeitig wurde er von FKpt Seidensticker vertreten.

[3] Die beiden Offiziere waren jeweils mit der Wahrnehmung der Geschäfte beauftragt (m.d.W.d.G.b.). Nach Überführung der Flotte nach Scapa Flow wurden die Besatzungen nach und nach reduziert, auf *Emden* verblieben nur noch knapp 60 Mann, dementsprechend verminderte sich auch das Führungspersonal.

[4] Obwohl der letzte Kommandant, KptzS Kähler, bis zum Ende des Kreuzers Kommandant blieb, verließ er schon zuvor das Schiff und wurde durch den Ersten Offizier vertreten.

[5] Die Kommandierung/der Dienstantritt war sicherlich schon vor der offiziellen Wiederindienststellung nach dem großen Umbau. Es befanden sich in den meisten Fällen schon während der letzten Phase der Werftzeit sowohl der Erste Offizier als auch der Leitende Ingenieur auf der Werft, um die Restarbeiten zu überwachen.

[6] Von Januar 1945 bis Februar 1945 wurde der Leitende Ingenieur, KKpt (Ing) Schimanski, durch den KKpt (Ing) Dipl.-Ing. Streckfuß vertreten.

[7] Das Schiff ging zum Umbau in die Werft. Während dieser Zeit befand sich keine Besatzung an Bord, die *Emden* war außer Dienst gestellt.

[8] Das Schiff verlegte in die Werft, die Besatzung wurde reduziert, als Einheitsführer an Bord fungierte der Schiffsversorgungsoffizier (SVO), Kptlt Schoenijahn.

[9] Das Schiff verlegte in die Werft, die Dienstgeschäfte für die Dauer der Werftliegezeit wurden an den Ersten Offizier übergeben.

[10] Dienstantritt war der 1. August 1967.

[11] Mit Sicherheit befand sich der STO bereits vor der erneuten Indienststellung an Bord bzw. beim künftigen Besatzungsstamm.

Abkürzungen/Erläuterungen

AAR — Auslands-Ausbildungsreise, heute übliche Bezeichnung für → ÜAG

ABC — atomic, bacteriological, chemical/atomar, bakteriologisch, chemisch; Vorangesetzte Bezeichnung für Einrichtungen zur Abwehr von Kampfmitteln dieser Art, z. B. ABC-Schleuse.

Abt. — Abteilung, innerhalb eines Schiffes. Die Schiffe sind je nach Größe, Verwendung usw. in einzelne wasserdichte Abteilungen (insbesondere im Bereich unterhalb der Wasserlinie) unterteilt, die durch wasserdichte Querschotte, bei Großkampfschiffen früher sogar durch Panzerschotte voneinander getrennt sind.

a.D. — außer Dienst

Adm — Admiral

AFOST — Ausbildungsfahrt Ost, das sind Ausbildungsfahrten von Verbänden oder Einheiten, die in das östliche Ostseegebiet führen.

AKO — Allerhöchste Kabinettsorder, Weisungen, die in der Zeit vor 1918 direkt vom Monarchen (König/Kaiser) kamen und auch von diesem unterschrieben waren.

AnDiMot — Antriebsdieselmotor(en)

Asto — Admiralstabsoffizier

atü — Atmosphären-Überdruck

Bb — Backbord (die linke Seite eines Schiffes)

BdA — Befehlshaber der Aufklärungsstreitkräfte

BdL — Befehlshaber der Linienschiffe

BdP — Befehlshaber der Panzerschiffe

BdU — Befehlshaber der Unterseeboote

B.I. — Bildungsinspektion

BMVg — Bundesministerium der Verteidigung

BOST — → FOST

BRT — Bruttoregistertonne, das ist die Vermessung eines Schiffsraumes bis zum obersten durchlaufenden Deck zuzüglich der geschlossenen Aufbauten in englischen Registertonnen (1 TR ≙ 2,83 Kubikmeter).

BÜ — Befehlsübermittlung, wird auch dem Posten vorgesetzt, der diese Funktion an Bord eines Schiffes innehat, z. B. BÜ-Posten, BÜ-Vermittler usw. oder auch BÜ-Anlagen.

BuM — Befehls- und Meldeanlagen, alle Kommunikationsmittel an Bord werden mit diesem Sammelbegriff versehen, wie Telefonanlagen, Lautsprecheranlagen, Sprachrohre, Gegensprechanlagen u. a. m.

BWB — Bundesamt für Wehrtechnik und Beschaffung

C/... — Zusatzbezeichnung bei Geschützen deutscher Herstellung, wobei das C für Construction/Konstruktion steht, dem Buchstaben ist das Konstruktions- bzw. Einführungsjahr angefügt.

charg. — chargiert, eine Bezeichnung, die in früheren Zeiten Offizieren bestimmter Dienstgradgruppen zugesprochen wurde, z. B. einem ehemaligen Admiral, der bedingt durch besondere Umstände für eine gewisse Zeit wieder Dienst tat, und dem dann für die Dauer seiner Dienstzeit ein bestimmter Dienstgrad oder auch in anderen Fällen nach Eintritt in den Ruhestand verliehen wurde.

C in C — Commander-in-Chief/Oberbefehlshaber

CODAG — Combined Diesel and Gasturbine/ Kombinierter Dieselmotoren- und Gasturbinenantrieb

Cowes-Week — Eine Veranstaltung der Royal Navy, die ähnlich der Kieler Woche oder dem Tag der Flotte zu verstehen ist.

cwl/CwL — Constructions/ Konstruktionswasserlinie

DaB — Dienst an Bord, eine verbindliche Vorschrift für alle Schiffe und Einheiten der Bundesmarine (früher in ähnlicher Form für die Reichs- und Kriegsmarine), die den gesamten Dienst an Bord als Rahmenrichtlinie regelt.

DESEX	Hier als Beispiel stehend für alle anderen Bezeichnungen/Namen dieser Art. Alle Übungen, Manöver u. a. m. – auch der deutschen Marine – werden aus Gründen der Einheitlichkeit im Rahmen der NATO mit englischen Namen/Bezeichnungen versehen. Falls es sich um sich wiederholende Übungen handelt, erhalten sie dahinter auch noch eine laufende Numerierung oder das Jahr und hier nochmals eine Numerierung. DESEX steht für Destroyer Exercise/Zerstörermanöver
DiGen	Dieselgenerator; das ist ein Generator, der von einem Dieselmotor betrieben wird.
DiMot	Dieselmotor(en)
Div.	Division. Man unterscheidet hier eine unterschiedliche Benennung. Handelt es sich um eine Einheitsbezeichnung von Schiffen, so führen sie vor der Bezeichnung eine arabische Ziffer, wie 1. Division oder 2. Div. Handelt es sich um Soldaten, so ist die Ziffer römisch. An Bord sind die Besatzungen jeweils in Divisionen eingeteilt, in die I., II., III. Division usw. Dabei wird die II. Division im Regelfall stets aus Angehörigen der Schiffstechnik gestellt. Innerhalb der Division erfolgt dann noch eine weitere Unterteilung in Wachen.
DO	Divisionsoffizier; das ist der Offizier, der die Division als Dienstältester führt, für die II. Division z. B. der Leitende Ingenieur.
d. R.	der Reserve
ECM	electronics counter-measures/Elektronische Abwehr
EMeß...	Entfernungsmeß...
EWerk	Kraftwerk, welches mit Aggregaten für die Stromversorgung ausgerüstet ist.
EVG	Europäische Verteidigungsgemeinschaft
ex	ehemals
fall out	Radioaktiver Niederschlag; auch die bei der Erzeugung von Kernenergie durch Kernspaltung anfallenden radioaktiven Abfälle
FdMinsch	Führer der Minenschiffe
FdT	Führer der Torpedoboote
FdU	Führer der Unterseeboote; am 19. 9. 1939 umbenannt in BdU (im Verlauf des Krieges und mit dem Anwachsen der U-Bootzahlen und deren Verteilung auf verschiedene Kriegsschauplätze wieder eingeführt, aber darüber stand dann der BdU).
FdZ	Führer der Zerstörer
FKpt	Fregattenkapitän
Fla...	Fliegerabwehr...
FltlAdm	Flottillenadmiral
Fltl	Flottille: Bezeichnung für einen Verband, der aus mehreren Einheiten des gleichen Typs bestand (bei der Reichs- und Kriegsmarine). Bei der Bundesmarine ist es die Bezeichnung für das Typkommando, die Flottille setzt sich in diesem Falle aus mehreren Geschwadern zusammen, die sich aus unterschiedlichen Typen zusammensetzen können.
FOST	Fleet Operational Sea Training/Flottenausbildung. Die größeren deutschen Einheiten fahren regelmäßig nach Großbritannien, wo sie an einer mehrwöchigen Ausbildung bei der Royal Navy teilnehmen, auf Herz und Nieren geprüft werden und nach einer Abschlußbesichtigung mit einem Prädikat versehen wieder heimfahren. Zu dieser Ausbildung gehört auch → BOST (Basis operational sea training), welche kürzer ist und der FOST vorangeht. Bei diesen Übungen wird nahe an die Grenze der Belastungshärte eines Verteidigungsfalles gegangen, so daß sie recht realistisch sind.
FüAkBw	Führungsakademie der Bundeswehr
Fü M V	Führungsstab der Marine, Unterabteilung V (Schiffe und Waffen)
Funkbeschickung	Nach jeder Werftliegezeit wird mit den Einheiten eine Funkbeschickung durchgeführt, bei der die einzelnen Funkanlagen und die zugehörigen Antennen abgestimmt werden.
FhrzS	Fähnrich zur See
GasTu	Gasturbine(n)
GGschw	Geleitgeschwader
Gruppe	Deutsche Bezeichnung für einen Kriegsschiffsverband, der eine bestimmte Aufgabe durchzuführen hat, z.B. bei der Durchführung des Norwegenfeldzuges.

Gschw	Geschwader
GschwKdr	Geschwaderkommandeur
HD	Hochdruck, aber auch Heißdampf
HDW	Howaldtswerke – Deutsche Werft
i. D.	In Dienst, Indienststellung
IFF	indification friend and foe/Ortungskennungsdienst Freund/Feind
i. G	im Generalstab
IO	Eins O/Erster Offizier
KAdm	Konteradmiral
KC	Krupp zementiert; oberflächengehärteter Panzerstahl
Kcal	Kilokalorie / Heizwert eines Brennstoffes
KdoZ	Kommando der Zerstörer. In der Jahresmitte 1958 aufgestellt als Typkommando der Zerstörer, Fregatten und U-Jagdboote. 1. 1. 1967 umbenannt in Zerstörerflottille (ZFltl).
Kdr	Kommandeur
kg	Kilogramm, obwohl heute das Gewicht allgemein in kp angegeben wird, wurde die alte Bezeichnung beibehalten, weil zur Zeit der ersten drei Einheiten mit dem Namen *Emden* mit dieser Bezeichnung verfahren wurde.
kg/PSh	Kilogramm pro PS-Stunde Leistungseinheit in der Stunde/Verbrauchsmaß für Brennstoff
kg/mm^2	Kilogramm pro Quadratmillimeter/ Angabe über die Belastung eines Materials durch Druck oder Zug
kg/m^2	Kilogramm pro Quadratmeter, Maß für Belastung
KKpt	Korvettenkapitän
Kmdt	Kommandant
kn	Knoten, Geschwindigkeitsmaß (Seemeilen pro Stunde)
KNC	Krupp nicht-zementiert; nicht oberflächengehärteter Panzerstahl
Kompensieren	Bezeichnung für die Justierungen an den Magnetkompassen, die neben den Kreiselkompaßanlagen an Bord mitgeführt werden. Eine Maßnahme, die nach jeder Werftzeit durchgeführt wird.
Kptlt	Kapitänleutnant
Kst	Kraftstoff
kVA	Kilo-Volt-Ampère/Leistungsangabe bei Drehstromanlagen
kW	Kilowatt, Leistungsangabe bei elektrischen Anlagen, heute auch allgemein eingeführte Leistungsgröße für alle Arten von Kraftmaschinen (1 kW ≙ 1,36 PS)
KptzS	Kapitän zur See
L	Länge
L/...	Länge eines Geschützrohres in Kalibern
L_{cwl}	Länge in der Konstruktionswasserlinie, das ist die Länge zwischen dem vordersten und hintersten eingetauchten Punkt eines Schiffskörpers in der Ebene der Wasserlinie in der Konstruktionsvorgabe.
l/h	Liter pro Stunde, Verbrauchs- oder auch Leistungsmaß
LI	Leitender Ingenieur
L_{pp}	Länge zwischen den Perpendikeln (oder auch Loten), das ist der Schnittpunkt von der Sponungslinie des Vorstevens bis zum Schnittpunkt der senkrechten durch die Mitte des Ruderschaftes (bezogen auf die Konstruktionswasserlinie).
LSU	Labour Service Unit/Arbeitsgruppe. Hierbei handelte es sich um eine Nachfolgeorganisation der GMSA (German Minesweeping Administration/Deutscher Minenräumverband), die 1951 von der US-Navy aufgestellt wurde
LtzS	Leutnant zur See
$L_{üa}$	Länge über alles, das ist die Länge zwischen den Geraden, senkrecht zur Konstruktionswasserlinie, jedoch ohne Bugsprit oder Heckgalerie, und zwar durch die äußersten Punkte.
m^3/h	Kubikmeter pro Stunde, Verbrauchs- oder Leistungsmaß
MAKdoOst	Marineabschnittskommando der Ostsee
M.A.N	Maschinenfabrik Augsburg-Nürnberg
MArs	Marinearsenal
MArtVsuStelle	Marineartillerieversuchsstelle
M-Boot	Minensuchboot
MD	Mitteldruck
m. d. W. d. G. b.	mit der Wahrnehmung der Geschäfte beauftragt
MDL	Marinedoppellafette
MEL	Marineeinzellafette
MES	Mineneigenschutz
METL	Marineeinzelturmlafette
MFmVsuSt	Marinefernmeldeversuchsstelle
MG	Maschinengewehr
m. H. A.	mit Hochaufladung

mm WS	Millimeter Wassersäule, Überdruckmaß bei Kesselanlagen
MSM	Marineschule Mürwik, auch MS oder MS Mürwik bezeichnet
MStpKdo	Marinestützpunktkommando
mt	Metertonnen
MTU	Motoren-Turbinen-Union (Zusammenschluß mehrerer großer Firmen)
MWM	Motorenwerke Mannheim (dazu gehört auch Knorr/Südbremse in München als Zweigwerk)
NATO	North Atlantic Treaty Organization/Nordatlantischer Verteidigungspakt
ND	Niederdruck
NNW	Nordnordwest
NO-Kanal	Nord-Ostsee-Kanal, früher: Kaiser-Wilhelm-Kanal
NRT	Nettoregistertonne(n), nutzbarer Rauminhalt eines Schiffes
NS	Nickel-Stahl
OB	Oberbürgermeister
ObdM	Oberbefehlshaber der Kriegsmarine
Offz	Offizier(e)
OKM	Oberkommando der Marine
OKW	Oberkommando der Wehrmacht
Olt	Oberleutnant
OLtzS	Oberleutnant zur See
O-Messe	Offiziersmesse
ONO	Ostnordost
PS	Pferdestärke(n), Leistungsangabe, 1 PS ≙ 75 mkg/s. Heute wird jede Leistung nur noch in kW (Kilowatt) angegeben. Aus Gründen der Einheitlichkeit wurde in diesem Buch die alte Bezeichnung verwendet, bei neueren Schiffen dann zusätzlich auch die kW-Leistung. (Umrechnung: 1 kW ≙ 1,36 PS, 1 PS ≙ 0,736 kW)
PSh	Leistung pro Stunde
PSi	Indizierte Leistung
PUO	Portepee-Unteroffizier
RAF	Royal Air Force/Königliche (britische) Luftwaffe
RM	Reichsmark
RAN	Royal Australian Navy/Königlich australische Marine
RDJ	Rollende Depotinstandsetzung
SACLANT	Supreme Allied Commander Atlantic/Oberster alliierter Befehlshaber im Atlantik
S-Boot	Schnellboot
SBWS	Systembeauftragter (für das) Waffensystem …
SEF	Ständige Einsatzgruppe Flotte
SK/Sk	Schiffskanone bzw. Schnellfeuerkanone
SLA	Schiffslautsprecheranlage
sm	Seemeile(n), 1 Seemeile ≙ 1852,1 m
Spt.	Spant
SO	Südost
SOS	Südostsüd
SONAR	sound navigation and ranging/Schallortungsgerät
STANAV FORLANT	Standing Naval Force Atlantic/Ständige Einsatzflotte im Atlantik. Deutsche Einheiten werden im Wechsel seit Dezember 1967 zugeteilt.
Stb	Steuerbord (die rechte Seite eines Schiffes)
Steampass	Soviel wie Vorbeimarsch (Flottenparade) bestimmter Einheiten an einem Befehlshaber, im überwiegenden Falle bei Verabschiedung eines Marinebefehlshabers.
STO	Schiffstechnischer Offizier
StoKdt	Standortkommandant
StoKdtr	Standortkommandantur
SÜbnKdo	Schiffsübernahmekommande, zeitweise auch SEK (Schiffserprobungskommando) genannt. Heute sind alle ehemaligen Erprobungsstellen und Versuchsstellen der Marine im Kommando der Truppenversuche zusammengefaßt.
SVO	Schiffsversorgungsoffizier
t	Tonne(n), 1 t = 1000 kg
T-Boot	Torpedoboot
ts	engl. tons, 1 ts ≙ 1016 kg
t/Tag	Tonnen pro Tag, Verbrauchsmaß bzw. Leistungsmaß
t/cm	Tonnen pro Zentimeter
TR	Torpedorohr(e)
TurboGen	Generator, der mittels einer Dampfturbine angetrieben wird.
ÜAG	Übung in ausländischen Gewässern. Jedes Jahr werden für bestimmte Einheiten bzw. Verbände Übungen vorgesehen, die in ausländischen Gewässern stattfinden und die mit dem Besuch fremder Häfen verbunden sind. Dabei kann es sich um sogenannte »Routine Visit« (das sind normale Besuche im Rahmen von Manövern usw.) oder »Informal Visit« (inoffizielle Besuche mit

»besonderem« Anstrich) handeln. Bei letzteren Besuchen wird ein umfangreiches Programm vorgesehen. Sie gleichen den früheren Auslandsreisen, wenngleich sie auch nicht dieses Ausmaß haben. Allerdings gibt es hier Ausnahmen, denn es kommt vor, daß kleinere Verbände schon mal auf eine längere ÜAG gehen, die mehrere Wochen dauert, dafür laufen dann auch längere Vorbereitungen, gilt es doch die materielle Fahr- und Einsatzbereitschaft sicherzustellen, die Planung dafür setzt oft schon ein bis zwei Jahre vorher ein.

UAbtLtr	Unterabteilungsleiter
U-Boot	Unterseeboot
Uffz	Unteroffizier
U-Jagd	Unterseebootjagd
u/min	Umdrehungen pro Minute
US-Navy	United States Navy
UTR	Unterwassertorpedorohre, bei modernen Waffen auch Unterwassertorpedos (für U-Boot-Bekämpfung)
VAdm	Vizeadmiral
V_0	Mündungsgeschwindigkeit in m/sek
Wabo...	Wasserbombe...
WEU	Westeuropäische Union
WO	Wachoffizier
WPS	Wellenleistung, diese wird im Gegensatz zu den Leistungen an Kolbenmaschinen in PSi oder PSe bei turbinengetriebenen Schiffen angegeben. Die Umrechnung in kW bleibt die gleiche.
ZFltl	Zerstörerflottille → KdoZ
ZGschw	Zerstörergeschwader
z. V.	zur Verfügung
Zyl	Zylinder
[I], [II], [III]	Diese Ziffern, hinter einem Namen stehend, weisen lediglich auf den Namensträger hin, ob es sich um den ersten, zweiten oder dritten handelt, sie sind *kein* Bestandteil des Namens.
II. Klasse	Soweit es sich um ein Kriegsschiff handelt, besagt die Klassifizierung, in welche Kategorie es einzuordnen ist. Diese wurde aus der Zeit der Segelschiffe übernommen, wo man die Schiffe nach der Anzahl der Kanonen einteilte (innerhalb eines Typs). So auch bei den späteren Kreuzern, wo die Klasse anfangs Auskunft darüber gab, ob es sich um einen Gepanzerten, Geschützten oder Ungeschützten Kreuzer handelt, später ging man dann zum Leichten und Schweren Kreuzer über.
°...	Grad
°C	Temperatur in Grad Celsius
≙	entsprechend
II. AdN	Zweiter Admiral der Nordseestation
II. FdT	Zweiter Führer der Torpedoboote
~	ungefähr, in etwa
–	keine Angaben
.	entfällt
1250, 0130, 2115	Uhrzeitgruppen, 1250 Uhr = 12 Uhr mittags und 50 Minuten, 0130 Uhr = 1 Uhr morgens und 30 Minuten, 2115 Uhr = 9 Uhr abends und 15 Minuten
γ	Formelzeichen für die Dichte eines Stoffes
†	versenkt, verloren
(†)	selbstversenkt

Quellennachweis

Allgemein

BMVg	Zerstörerflottille, Bonn 1976
Bremer Vulkan AG	Frigate Type F 122
Breyer/Koop	Die Schiffe und Fahrzeuge der deutschen Bundesmarine, 1956–1976, München 1978
Breyer/Koop	Von der *Emden* zur *Tirpitz* (Vol. 1 und 2), München 1980/81.
Bennett	Die Seeschlachten von Coronel und Falkland, München 1980
Bidlingmaier	Seegeltung in der deutschen Geschichte, Darmstadt 1967
Bräckow	Die Geschichte des deutschen Marine-Ingenieuroffizierkorps, Oldenburg/Hamburg 1974
Ciupa	Die deutschen Kriegsschiffe, Rastatt 1979
Colledge	Ships of the Royal Navy (Vol. 1 und 2), Newton Abbot 1969
Dittmar/Colledge	British warships 1914/1919, London 1972
Dönitz	Zehn Jahre und zwanzig Tage, Frankfurt 1967
Dülffer	Weimar, Hitler und die Marine, Düsseldorf 1973
Evers	Kriegsschiffbau, Berlin 1943
Forstmeier	SMS *Emden*, Warship Profile 25, Windsor 1972
Giese	Kleine Geschichte der deutschen Flotte, Wiesbaden 1966
Gröner	Die deutschen Kriegsschiffe 1815 bis 1945 (Vol. 1 und 2), München 1966/1968
Gröner	Die Schiffe der deutschen Kriegsmarine und Luftwaffe 1939–1945, 1.–8. Auflage, München 1954 ff.
Has/Evers	Wilhelmshaven 1853–1945, Wilhelmshaven 1961
Hadeler	Kriegsschiffbau (Vol. 1 und 2), Darmstadt 1968
Hansen	Die Schiffe der deutschen Flotten 1848–1945, Oldenburg 1973
Herzog	60 Jahre deutsche U-Boote, 1906–1966, München 1968
Jeschonnek	Bundesmarine 1955 bis heute, Bonn 1975
Jung/Abendroth/Kelling	Anstriche und Tarnanstriche der deutschen Kriegsmarine, München 1977
Kautz	Schiffe der NATO im Ostseeraum, Berlin 1966
Kreuzer *Emden*	Linientaufe 1929
Kreuzer *Emden*	Linientaufe 1931
Kroschel/Evers	Die deutsche Flotte 1848–1945, Wilhelmshaven 1962
Lochner	Die Kaperfahrten des Kleinen Kreuzer *Emden*, München 1979
M.A.N.	Unterlagen über den Motorenbau bei der Maschinenfabrik Augsburg-Nürnberg AG
Meister	Der Seekrieg in den osteuropäischen Gewässern 1941/45, München 1958
Mielke	Leichter Kreuzer *Emden* (III), München 1956
Militärgeschichtliches Forschungsamt	Handbuch zur deutschen Militärgeschichte, Band VIII ›Deutsche Marinegeschichte der Neuzeit‹, München 1977
MTU	Unterlagen über den Motorenbau bei der Motoren- und Turbinenunion, desgleichen über Gasturbinen (früher Maybach, Daimler-Benz und M.A.N.)
MWM	Unterlagen über den Motorenbau bei den Motorenwerken Mannheim, Teilwerk Süddeutsche Motorenwerke Südbremse München
Nagel	*Emden* (3 Kreuzer), Berlin 1934
Peter	Zur Geschichte der Minenräumverbände 1945–1956
Pochhammer	Graf Spee's letzte Fahrt, Berlin 1918
Prochnow	Deutsche Kriegsschiffe in zwei Jahrhunderten (Vol. 2), Preetz 1967/69
Rhades	Die deutsche Marine in Vergangenheit und Gegenwart, Minden 1969
Röhr	Deutsche Marinechronik, Oldenburg/Hamburg 1974
Röhr	Handbuch zur deutschen Marinegeschichte, Oldenburg 1963
Rohwer/Hümmelchen	Chronik des Seekrieges 1939/45, Oldenburg/Hamburg 1968

Ronneberger — Weltreisebilder vom Kreuzer *Emden* 1928/29, Berlin 1930
Ruge — Scapa Flow 1919, Oldenburg/Hamburg 1969
Scheer/Stöwer — Die deutsche Flotte in großer Zeit, Braunschweig/Berlin/Hamburg 1926
Showell — The German Navy in world war two, London 1979
Strohbusch — Kriegsschiffbau seit 1848, Bremerhaven 1977
Taylor — German warships of world war one, London 1969
v. Kutzleben/Schroeder/Brennecke — Minenschiffe 1939/45, Herford 1979
Witthoeft — Lexikon zur deutschen Marinegeschichte (Vol. 1 und 2), Herford 1977/78
Zienert — Unsere Marineuniform, Hamburg 1970

Zeitschriften

MOH-/MOV-Nachrichten/Marineforum, Herford
Soldat und Technik, Frankfurt
Flotte/Bundesmarine/Marine, Bonn
Seekiste/Schiffahrt international, Kiel/Büchen, Herford
Atlantische Welt, München/Bremen
Leinen los/Marine, München/Bremen
Ships monthly, Großbritannien
Marine-Rundschau, Berlin/Frankfurt/München
Truppenpraxis, Herford
Wehrtechnik, Bonn
Warship international, Toledo/USA
Ships of the world, Tokyo/Japan

Zeitungen, Illustrierte, Magazine

Unter anderem:
Der Spiegel
Stern
Wilhelmshavener Zeitung
Die Welt
Frankfurter Allgemeine
Kieler Nachrichten
Emder Zeitung

Jahrbücher, Periodika

Weyer's Taschenbuch der Kriegsflotten, München, 1900 ff.
Weyer's Flottentaschenbuch, München 1953 ff.
Jahrbuch der Marine, Bremen/Bonn, Jahrgang 1 ff.
Die deutsche Marine, Preetz, alle Jahrgänge
Jahrbuch der Wehrtechnik, Bonn, Jahrgang 1 ff.
Marinekalender der DDR, Jahrgang 1 ff.
Köhler's Flottenkalender, Herford/Minden, verschiedene Jahrgänge
Jahrbuch der Schiffbautechnischen Gesellschaft, alle Jahrgänge
Nauticus, Berlin/Frankfurt, verschiedene Jahrgänge

Amtliche Unterlagen

Stadtarchiv Wilhelmshaven
  Verschiedenes
National Maritime Museum, Greenwich/Großbritannien
  Königsberg-Class: *Karlsruhe*-Pläne
  62 Profile and rig
  63 upper and main decks
  64 -tween and armour decks
  65 platforms and hold
  66 rig (elevation and end views)
  67 gunnery control (profile and deck)
Bundesarchiv/Militärarchiv Freiburg
  BA/MA: RM 3/862 Bauakten Kleiner Kreuzer *Emden*
  RM 3/864 Bauakten Kleiner Kreuzer *Emden*
  RM 3/1597 Bauakten Kleiner Kreuzer *Emden* [II]
  RM 3/3481 Akten Kleiner Kreuzer *Emden*
  RM D 3/149 Dienstvorschrift DE 146/IV H 14
  SZ 185/186 Pläne und Detailskizzen 1:100

Sonstiges
Archiv des Verfassers
Fregatte *Emden* – Bordchronik
Thyssen-Nordseewerke

Register

A → Ersatz *Niobe* 54
Adler, Kanonenboot, † 16. 3. 1889 88
Admiral Graf Spee, Panzerschiff, (†) 17. 12. 1939 7, 98, 99
Admiral Hipper, Schwerer Kreuzer, (†) Mai 1945 69
Admiral Scheer, Schwerer Kreuzer, † 9. 4. 1945 65, 67, 69, 98, 99
AE1, austr. U-Boot, † 14. 9. 1914 30
AE2, austr. U-Boot, (†) 30. 4. 1915 30
Albatros, Torpedoboot, † 10. 4. 1940 66
Amazone, Kleiner Kreuzer, † Abbr. 1954 53, 56
Arcona, Kleiner Kreuzer, (†) 3. 5. 1945, Abbr. 1954 18, 53
Arquebuse-Klasse, franz. Zerstörer 26
Augsburg, Kleiner Kreuzer, Abbr. 1922 45
Augsburg (F222), Fregatte 116, 123
Ayesha, Zweimastschoner, (†) 15. 12. 1914 29

Bayern, Linienschiff, (†) 21. 6. 1919 45
Bayern (D 183), Zerstörer 131
Berlin, Kleiner Kreuzer, (†) 1947 17, 24, 53, 60, 83
Berlin, DDR-Trawler 126, 142
Bismarck, Schlachtschiff, † 27. 5. 1941 65
Blücher, Schwerer Kreuzer, † 9. 4. 1940 66
Braunschweig-Klasse, Linienschiffe 53
Braunschweig, Linienschiff, gestr. 31. 3. 1931 53
Braunschweig, (F 225), Fregatte 116, 124, 125, 127, 129, 130, 140, 141
Bremen-Klasse, Kleine Kreuzer 10, 53, 147
Bremen-Klasse, Fregatten Klasse 122 7
Bremen (F 207), Fregatte 147
Bremse, Minenkreuzer, (†) 21. 6. 1919 46
Buresk, Kohlendampfer, † 9. 11. 1914 27, 28
Burg von Emden, Kaperschiff 162

C70 → *Georges Leygues*-Klasse, franz. Fregatten 146
Chatham-Klasse, brit. Leichte Kreuzer 29
Chatham, brit. Leichter Kreuzer, Verkauf zum Abbr. 13. 7. 1926 29
Chikuma, jap. Leichter Kreuzer, gestr. 1931 27
Choising, Frachter 29
Coburg (A 1412), Kleiner Versorger 131
Cöln-Klasse, Kleine Kreuzer 48, 54, 162
Cöln (II), Kleiner Kreuzer, (†) 21. 6. 1919 48, 162
Cormoran, Kanonenboot, (†) 28. 9. 1914 30, 33

Danzig, Kleiner Kreuzer, Abbr. 1921/23 17, 45
Deutschland-Klasse, Linienschiffe 53, 92, 147
Deutschland, Panzerschiff 7, 61, 62, 63, 151
D'Iberville, franz. Torpedokanonenboot, gestr. 1920 26, 27
Dithmarschen (A 1409), Materialtransporter, 6. 10. 1976 an Türkei 126
Dreadnought, brit. Schlachtschiff, Verkauf zum Abbr. 9. 5. 1921 11
Dresden, Kleiner Kreuzer, † 14. 3. 1915 17, 24, 26
Dresden (II), Kleiner Kreuzer, (†) 21. 6. 1919 48, 162

E 71 → *Wielingen*-Klasse, Belg. Fregatten 146
Eber, Kanonenboot, † 16. 3. 1889 88
Elsass, Linienschiff, Abbr. 1936 53, 76
Emden, Kleiner Kreuzer, † 9. 11. 1914 6, 10, 12, 13, 14, 15, 16, 17, 18, 19, 22, 23, 24, 25, 26, 27, 28, 29, 30, 31, 32, 33, 34, 35, 36, 37, 38, 39, 57, 60, 61, 76, 121, 124, 128, 129, 147, 150, 151, 152, 161, 164
Emden (II), Kleiner Kreuzer, Abbr. 1926 6, 8, 39, 40, 41, 42, 44, 45, 46, 47, 48, 49, 50, 51, 66, 96, 164, 166
Emden, Leichter Kreuzer, (†) 3. 5. 1945 6, 8, 29, 54, 56, 57, 58, 59, 60, 61, 62, 63, 64, 65, 66, 67, 68, 69, 70, 71, 72, 73, 74, 75, 76, 77, 78, 79, 80, 81, 82, 83, 84, 85, 86, 87, 88, 89, 90, 91, 92, 93, 94, 95, 96, 97, 98, 99, 100, 101, 102, 103, 104, 105, 106, 107, 108, 109, 110, 111, 112, 113, 121, 127, 128, 151, 152, 164, 165
Emden (F221), Fregatte 6, 8, 116, 117, 118, 119, 120, 121, 122, 123, 124, 125, 126, 127, 128, 129, 130, 131, 132, 133, 134 135, 136, 137, 138, 139, 140, 141, 142, 143, 144, 150, 152, 155, 158, 159, 165, 166
Emden, Fregatte 6, 7, 145, 146, 147, 148, 149, 150, 151, 152, 153, 154, 155, 156, 157, 158, 159, 160, 161, 163
Emden, Kaperschiff 162
Emden ex *Falke* 162
Emden, Fischkutter 162
Emden, Logger 162
Ersatz *Ariadne* → *Cöln* (II) 48, 54
Ersatz *Blitz* → *Nürnberg* 9
Ersatz *Comet* → *Dresden* 9
Ersatz *Cöln* → *Cöln*-Klasse 48
Ersatz *Dresden* → *Dresden* (II) 48
Ersatz *Emden* → *Cöln*-Klasse 48, 162
Ersatz *Emden* 163

Ersatz *Gazelle* → *Königsberg* (II) 39
Ersatz *Karlsruhe* → *Cöln*-Klasse 48, 54
Ersatz *Königsberg* → *Frauenlob* (II) 48
Ersatz *Leipzig* → *Leipzig* (II) 48
Ersatz *Magdeburg* → *Magdeburg* (II) 48
Ersatz *Mainz* → *Rostock* (II) 48
Ersatz *Niobe* → *Karlsruhe* (II) 40
Ersatz *Niobe* → *Emden* 54
Ersatz *Nürnberg* → *Wiesbaden* (II) 48
Ersatz *Nymphe* → *Emden* (II) 40
Ersatz *Pfeil* → *Emden* (I) 9, 10, 14, 15
Ersatz *Thetis* → *Nürnberg* (II) 40

Frankenland (A 1439), Großer Betriebsstofftransporter, 6. 12. 1977 Verkauf zum Abbr. 123
Frankfurt, Kleiner Kreuzer, † 18. 7. 1921 45, 46
Frauenlob (II), Kleiner Kreuzer, Abbr. 17. 11. 1919 48, 162
Freiburg (A 1413), Kleiner Versorger 131, 132
Friedrich der Große, Linienschiff, (†) 21. 6. 1919 45, 46
Fronde, franz. Zerstörer, Abbr. 6. 5. 1920 26

Gazelle-Klasse, Kleine Kreuzer 10, 18, 39, 53
Gneisenau, Großer Kreuzer, † 8. 12. 1914 24, 33
Gneisenau, Schlachtschiff, (†) 28. 3. 1945 71
Goeben, Schlachtkreuzer, Abbr. 1976 37, 38
Good Hope, brit. Panzerkreuzer, † 1. 11. 1914 24
Gorch Fock, Segelschulschiff 69
Graudenz-Klasse, Kleine Kreuzer 42
Graudenz, Kleiner Kreuzer, Abbr. 11. 3. 1937 46
Grille, Aviso, Abbr. 20. 4. 1951 65
Großer Kurfürst, Linienschiff, (†) 21. 6. 1919 45

Hamburg, Kleiner Kreuzer, † 1944, Abbr. 1956 53
Hamburg (D 181), Zerstörer 128
Hamburg-Klasse, Zerstörer 136, 147
Hannover, Linienschiff, Abbr. 1944 53, 76, 147
Hannover → *Niedersachsen* 147
Hansa, Großer Kreuzer, Verkauf z. Abbr. 6. 12. 1919 14
Harz (A 1418), Großer Betriebsstofftransporter 128
Helgoland, Linienschiff, Abbr. 1924 47
Hermes (P 6053), U-Jagdboot 125
Hessen, Linienschiff, 1946 an UdSSR 53
Hessen (D 184), Zerstörer 130
Hohenzollern, Kaiserliche Yacht, Abbr. 27. 12. 1920 16

Iroqouis (280), kanad. Fregatte 130

Kaiser, Linienschiff, (†) 21. 6. 1919 45
Kaiserin, Linienschiff, (†) 21. 6. 1919 45
Karlsruhe-Klasse, Kleine Kreuzer 42, 162
Karlsruhe, Kleiner Kreuzer, † 4. 11. 1914 26
Karlsruhe (II), Kleiner Kreuzer, (†) 21. 6. 1919 40, 45
Karlsruhe, Leichter Kreuzer, † 9. 4. 1940 60, 66, 83, 106, 107
Karlsruhe (F 223), Fregatte 116, 123, 124, 125, 127, 128, 129, 140, 141
Karlsruhe, Fregatte 147
Knurrhahn (Y 811), Wohnschiff 124
Kolberg-Klasse, Kleine Kreuzer 39
Kolberg, Kleiner Kreuzer, Abbr. 21. 7. 1917 45
Köln, Leichter Kreuzer, (†) 2. 5. 1945 67, 68, 71, 83
Köln-Klasse, Fregatten Klasse 120 116, 117, 146
Köln (F 220), Fregatte 116, 121, 123, 126, 129, 130, 132, 133, 136
Köln, Fregatte 147
Kondor, Torpedoboot, † 28. 6. 1944 66
König Albert, Linienschiff, (†) 21. 6. 1919 45
König, Linienschiff, (†) 21. 6. 1919 45
Königsberg (I)-Klasse, Kleine Kreuzer 9, 10, 17, 30, 162
Königsberg (II)-Klasse, Kleine Kreuzer 39, 48, 162
Königsberg (I), Kleiner Kreuzer 26
Königsberg (II), Kleiner Kreuzer, Abbr. 1936 40, 45
Königsberg, Leichter Kreuzer, † 10. 4. 1940 66, 83
Kortenaer-Klasse, niederl. Fregatten 148
Kronprinz, Linienschiff, (†) 21. 6. 1919 45
Kurfürst Friedrich Wilhelm, Linienschiff, † 8. 8. 1915 als türkisch *Heireddin Barbarossa* 76

Leipzig, Kleiner Kreuzer, † 8. 12. 1914 24
Leipzig (II), Kleiner Kreuzer, Abbr. 1921 48, 162
Leipzig, Leichter Kreuzer, (†) 1946 61, 63, 66, 67, 68, 100, 101
Lothringen, Linienschiff, Verkauf z. Abbr. 31. 3. 1931 53
Lübeck (F 224), Fregatte 116, 128, 130, 132, 140, 141
Lupo-Klasse, ital. Fregatten 146
Lütjens-Klasse, Zerstörer 145, 147, 152
Lütjens (D 185), Zerstörer 130, 131
Lützow ex *Deutschland,* Schwerer Kreuzer, (†) 4. 5. 1945 7, 66, 151

Magdeburg-Klasse, Kleine Kreuzer 39, 42
Magdeburg (II), Kleiner Kreuzer, Abbr. 1922 48, 162
Mainz, Kleiner Kreuzer, † 28. 8. 1914 147
Mainz → *Rheinland-Pfalz* 147
Markgraf, Linienschiff, (†) 21. 6. 1919 45
Markomannia, Versorger 25
Martin Andersen Nero, DDR-Fischereischiff 126
Medjidieh, türk. Kreuzer, Abbr. 1947 85
Medusa, Kleiner Kreuzer, (†) 3. 5. 1945 53
Moltke, Schlachtkreuzer, (†) 21. 6. 1919 45, 46
Monmouth, brit. Panzerkreuzer, † 1. 11. 1914 24
Mosel (A 67), Tender 132
Mousquet, franz. Zerstörer, † 28. 10. 1914 26, 27
Möwe, Torpedoboot, † 15. 6. 1944 66

Naiad (F 39), brit. Fregatte 129, 130, 144
Najade (P 6054), U-Jagdboot 130
Nautilus, Minendampfer, Abbr. 18. 8. 1928 45
Niedersachsen (F 208), Fregatte 147, 163
Nienburg (A 1416), Kleiner Versorger 128
Nimitz/CV 68, US-Flugzeugträger 130
Niobe, Kleiner Kreuzer, † 19. 12. 1943 53
Niobe, Segelschulschiff, † 26. 7. 1932 74
Nürnberg, Kleiner Kreuzer, † 8. 12. 1914 16, 24, 30, 33
Nürnberg (II), Kleiner Kreuzer, † 7. 7. 1922 40, 45
Nürnberg, Leichter Kreuzer, 1946 an UdSSR 67
Nymphe, Kleiner Kreuzer, Abbr. 1930 53
Oldenburg, Linienschiff, Abbr. 1921 46
Omaha-Klasse, US-Kreuzer 88

Patricia, Truppentransporter 25
Pharris/1094, US-Fregatte 129, 144
Phoebe (F 42), brit. Fregatte 130
Pillau, Kleiner Kreuzer, † 28. 6. 1943 als ital. *Bari* 46
Pistolet, franz. Zerstörer, Abbr. 6. 5. 1920 26, 27
Planet, Vermessungsschiff, (†) 7. 10. 1914 30
Poolster (A 835), niederl. Versorger 130
Posen, Linienschiff, Abbr. 1922 46
Preußen, Linienschiff, Abbr. 1954 53
Prinzregent Luitpold, Linienschiff, (†) 21. 6. 1919 45, 46
Protecteur (A 509), kanad. Versorger 130

Rau 7, Netztender 66
Rau 8, Netztender 66
Rheinland, Linienschiff, Abbr. 1921 46
Rheinland-Pfalz (F 209), Fregatte 147, 163
Rhön (A 1443), Großer Betriebsstofftransporter 131, 132
Rommel (D 187), Zerstörer 130
Rostock (II), Kleiner Kreuzer, Abbr. 1921 48, 162

Scharnhorst, Großer Kreuzer, † 8. 12. 1914 24
Schlesien, Linienschiff, (†) 4. 5. 1945 7, 53, 76, 78, 79, 92, 102
Schleswig-Holstein, Linienschiff, (†) 21. 3. 1945 53, 76, 102
Schleswig-Holstein (D 182), Zerstörer 125, 130
Seeadler, Kanonenboot, † 19. 4. 1917 33
Skeena (207), kanad. Fregatte 129, 144
Spessart (A 1442), Großer Betriebsstofftransporter 131
Stadt Emden, Fleute 162
Stadt Emden, Kanonenboot 162
Stein, Gedeckte Korvette, Abbr. 1920 76
Straßburg, Kleiner Kreuzer, † 23. 9. 1944 als ital. *Taranto* 45
Stuttgart, Kleiner Kreuzer, 20. 7. 1920 an Großbritannien 14, 16, 17, 42
Sydney, austr. Leichter Kreuzer, Abbr. April 1929 6, 27, 28, 29, 30, 31, 35, 36, 61

T 7, Torpedoboot, † 29. 7. 1944 66
T 8, Torpedoboot, (†) 3. 5. 1945 66
T 11, Torpedoboot, Abbr. 1949 als franz. *Bir Hakim* 66
Theseus (P 6056), U-Jagdboot 125, 130
Thetis, Kleiner Kreuzer, Abbr. 1930 53
Thüringen, Linienschiff, Abbr. 1922/23 47
Tirpitz, Schlachtschiff, † 12. 11. 1944 67
Tjerk Hiddes (F 804), niederl. Fregatte 130
Triton (P 6055), U-Jagdboot 125, 130
Tromp (F 801), niederl. Fregatte 129, 130, 144
Type 21/22 → *Amazon-/Broadsword*-Klasse, brit. Fregatten 146
Typ XXI, Unterseeboote 150

U 35, Unterseeboot, Abbr. 1919/21 76
U 135, Unterseeboot, † 1921 47
U 139, Unterseeboot, Abbr. 1935 als franz. *Halbronn* 76
UB 45, Unterseeboot, † 6. 11. 1916 64, 109

Warrego, austr. Zerstörer, Abbr. Okt. 1929 30
Westfalen, Linienschiff, Abbr. 1924 46
Wiesbaden-Klasse, Kleine Kreuzer 11
Wiesbaden (II), Kleiner Kreuzer, Abbr. 1920 48, 162
Wittelsbach-Klasse, Linienschiffe 53

Yarmouth, brit. Leichter Kreuzer, gestr. 2. 7. 1929 26
Yarra, austr. Zerstörer, Abbr. Okt. 1929 30

Z 1 – Z 6, Zerstörer Klasse 119, 146
Zerstörer 2 (D 171), a. D. 15. 10. 1980 131, 132
Zerstörer 4 (D 178), a. D. 26. 2. 1981 131
Zerstörer 5 (D 179), a. D. 26. 2. 1982 128, 131, 132
Zähringen, Linienschiff, (†) 26. 3. 1945 53, 78
Žemčug, russ. Kreuzer, † 28. 10. 1914 26, 27, 34, 35

Kleiner Geschützter Kreuzer EMDEN (I)

10. Juli 1909 – 30. September 1909
1. April 1910 – 9. November 1914

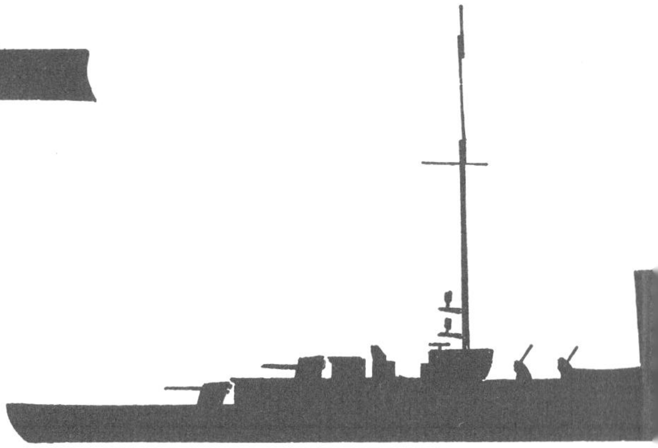

Kleiner Geschützter Kreuzer EMDEN (II)

16. Dezember 1916 – 21. Juni 1919

Fregatte EMDEN (I)

24. Oktober 1961 – 30. März 1965
27. Oktober 1967–1983

Fregatte EMDEN (II)